因為職場太險惡，所以需要心理學

與其當社畜不斷抱怨，
不如高情商微笑面對

學校不會教，但不懂很吃虧的人際周旋術

藍迪——著

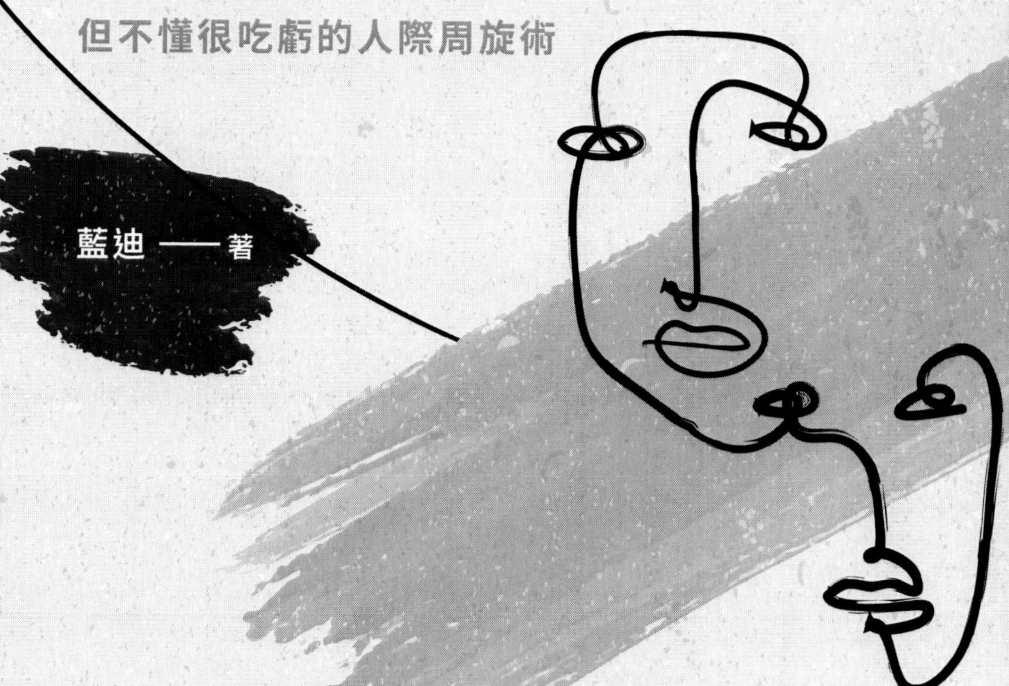

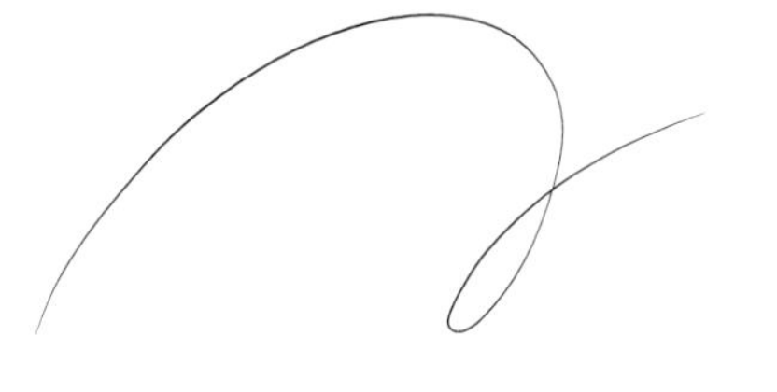

目錄

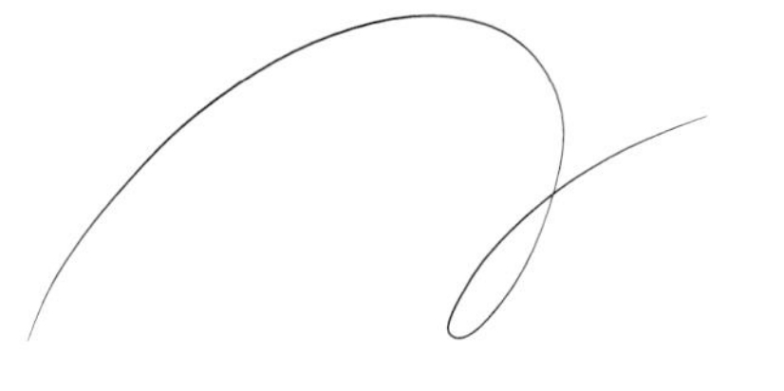

目錄

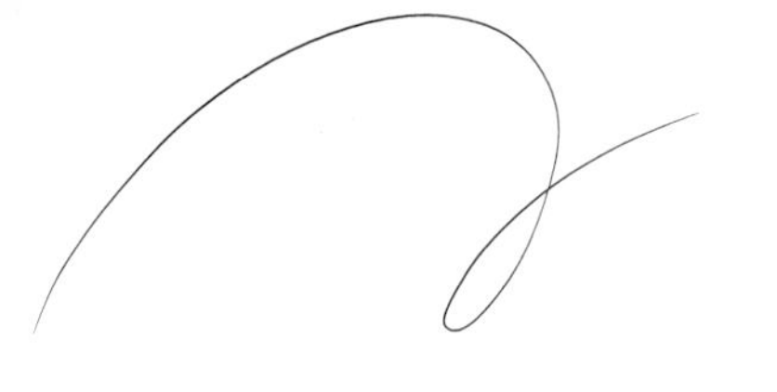

第四章　提高工作效率

目錄

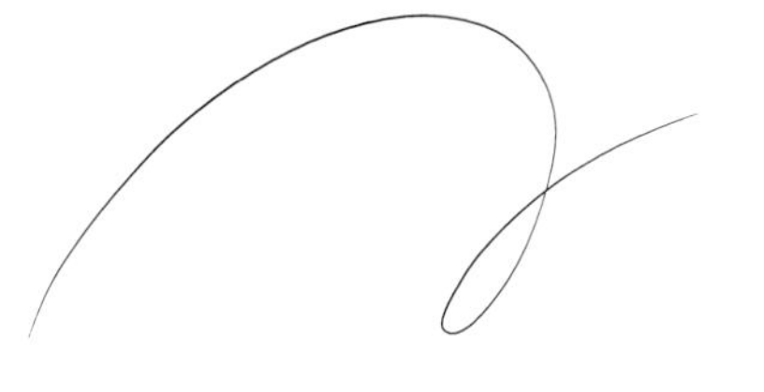

目錄

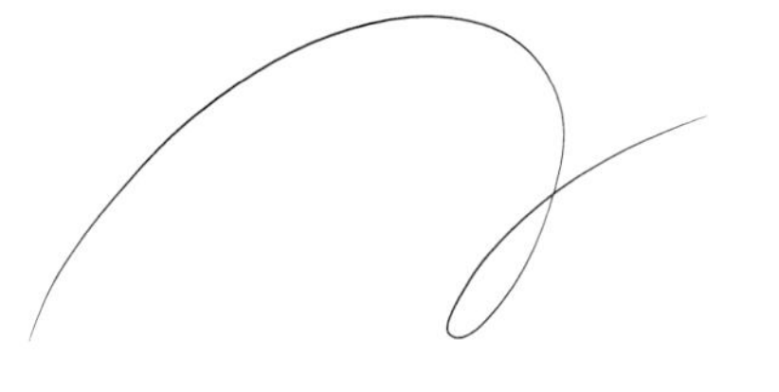

前言

在職場中經常可以看到這樣的現象：許多有好口才、能言善道，或是出身名校、具有高學歷的人才，他們擁有許多優勢，但在工作中，卻始終無法獲得主管的青睞，或是擁有好人緣。

幾乎所人都困擾著這類問題：怎樣才能找到好工作？老闆喜歡怎樣的員工？要怎樣才能受同事歡迎？要怎樣才能讓部屬賣命工作？如何讓老闆看到你努力工作？如何察言觀色，了解同事在想什麼？如何讓客戶滿意？其實，許多的疑問和挫折並不是你不夠努力，也不是你缺乏能力，最大的問題就在於你無法猜透對方的想法。切記：埋頭苦幹不等於功成名就，洞悉對方心裡想什麼才是致勝的關鍵。

人的一生是一個不斷挖掘潛能、不斷成長的過程。只有不斷更新自己的知識結構，提高自己的能力，才能使自己的潛力得以最大的發揮。所以永遠不要沉溺於現狀，別放棄在職業領域的探索，才會在新的領域裡取得更大的成就。

正是基於這樣的認識，我們為處於激烈的社會競爭和複雜的人際關係中的你量身打造出版此書，書中有針對性的提出、分析和解決了客觀存在的重點問題。你可以透過大量生動的事例，了解人性的複雜及其根源，學會如何洞察人的心理，懂得如何建立威信、施加影響，進而掌控你周圍的人；可以了解如何與上司、同事、下屬等周圍最常見的人相處，懂得如何洞察他們的內心，並自信自如的與之交際；可以對工作效率低下問題有個深刻的認識，進而掌握有效的方式方法，創造業績；可以讓自己調整職場心態，創造陽光狀態，以全新的自我迎接職場人生。

本書是專為上班族完整規劃的職場心理學，必能讓你百戰百勝，所向披靡！無論在公車上還是走路時的任何時間，你都可以輕鬆閱讀、思考這本書的問題。只要能夠利用每天的零碎時間，你就能輕鬆讀懂心理學，幫助自己實現目標，不斷成長！

超越他人，實現目標，就從今天開始！

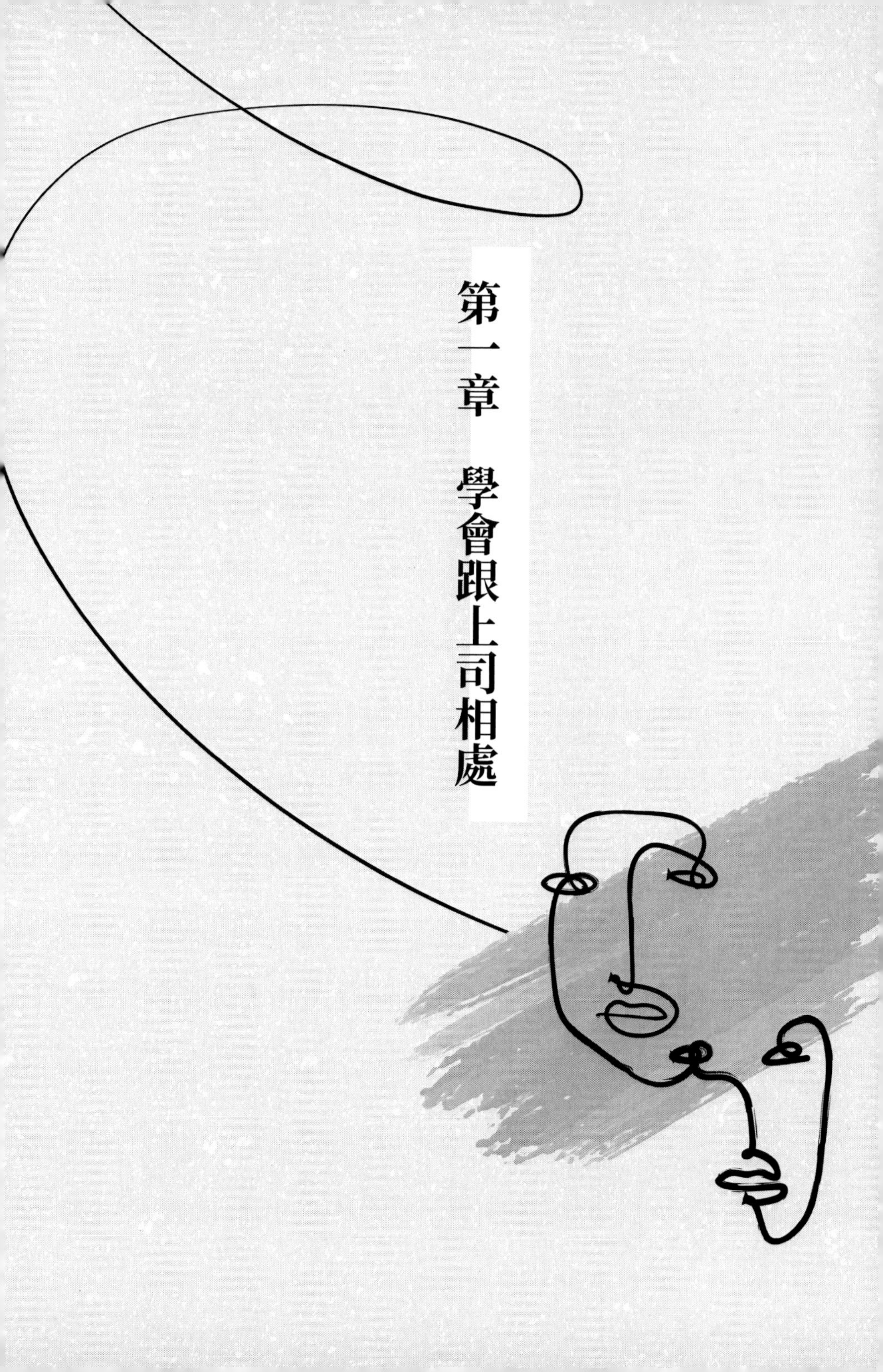

第一章　學會跟上司相處

上司是你的直接主管，你的榮辱興衰，在基本上操縱在上司手中。做好與主管的交際，取得上司的賞識，你就會工作順利，事業有成。在這個問題上，人們往往有兩種傾向：一種認為處理好上下級關係是上級的事，我是下屬，做好自己的工作就行了；另一種認為，與上司做好關係不是吹、拍、溜嗎？這樣做很庸俗，會喪失自己的人格。這兩種認識都有點偏激。事實上，只要我們堅持體面、正直、光明磊落的行為原則，掌握正確的交際方法和技巧，就會使上司對自己產生好感，受到青睞。

尊重上司是立身職場的基本理念人與人之間的彼此尊重是很重要的，上司很在意下屬是否尊重他，如果你不尊重上司，他不僅會對你產生厭惡，甚至會將其理解為對他個人權威的蔑視。

生活中時常可以聽到員工抱怨自己的老闆吝嗇、虛偽或是有其他的缺點，但在此之前，要弄清楚的一點是：沒有人逼迫你為這樣的老闆工作，如果你的老闆真的如你所說的那樣一無是處，你大可選擇離開，而不是在背後指責他的缺點。

上司，是公司的核心人物，他自己的言行及決策對公司有很大的影響。上司的決策往往是經過深思熟慮的，因此當他的決策下達之後，不管你是否同意他的觀點和想法，你最起碼應當尊重他的專業。

不懂得尊重你的上司，吃虧的是你自己。許攸就是一個很好的例子。建安四年，官渡之戰爆發，曹操在和袁紹的爭戰中一直處於下風，他為此頭疼不已。就在這時，袁紹的謀士許攸離開袁紹，前來投奔曹操。曹操聽說許攸來投，大喜過望，赤著腳就去迎接許攸。此後，正是許攸給曹操謀劃了奇襲烏巢、斷袁紹糧草後路的計策，使得曹操打贏了這場艱苦的戰役。許攸從此洋洋得意，每次曹操打下一座城池，許攸都要站在城門口大呼小叫：「曹阿瞞，如果不是我的話，你怎麼能有今天啊？」如此不尊重的對曹操說話，曹操表面上點頭稱是，暗地裡卻已經起了殺機。

一次，曹操的軍隊攻克了鄄城，許攸又在城門口述說自己的功德，忍無可忍的曹操終於動了肝火，將許攸殺了。

許攸的悲劇，就是因為不懂得尊重上司造成的。在這場上司與下屬的博弈中，許攸是自取滅亡，一方面，他錯誤的將曹操的身分定位為當年那個和他談笑的故友，因此對自己的上司曹操缺乏尊重之心；另一方面，他因為過度傲慢自信而沒有看到上司的優點，也因此忽略了自己的功勞其實是上司採納了自己計策的結果。試想，如果當時許攸的計策沒有被曹操採用，他還有這樣耀武揚威的機會嗎？

由此可見，尊重自己的上司，是身處職場的最基本要求。沒有一個上司會喜歡自己的下屬處處居功自傲，事事逞能，以自己為核心。這樣的下屬，本身就缺乏在職場打拼的立身理念，更不會討上司的喜歡，弄不好還會落得一個悲慘的下場。

與許攸相比，同樣是曹操的謀士，郭嘉對待上司的態度就要比許攸高明得多。

郭嘉在二十七歲那年離開袁紹，投奔曹操。在和曹操討論天下大勢後，兩人大喜過望。郭嘉說曹操「真吾主也！」而曹操則高興的說：「使孤成大業者，必此人也。」此後，郭嘉成為了曹操前期五大重要謀士之一，「每有大議，臨敵制變，群策未決，嘉輒成之」，為曹操平定河北立下了汗馬功勞。立下功勞的郭嘉始終沒有居功自傲，恰到好處的處理君臣關係。郭嘉在曹操平定遼東的戰爭後病逝，年僅三十八歲。曹操此後一直對郭嘉念念不忘。在赤壁兵敗之後，曹操更是捶胸頓足的說出了「若郭奉孝在，不使孤至此」的話，可見曹操對於郭嘉的欣賞。曹操甚至在郭嘉死後，將他的家眷都接到了自己的府上，更為郭嘉上表追功。曹操說：「郭嘉本來身體就不好，他常常說他如果到了北方就死定了，但攻打河北的時候，他還是義無反顧的跟隨我，這是拼了命要為我立功啊！現在我雖然為他追討了封賞，可是對於一個已經死了的人來說，這有什麼用啊！」追思感念之情溢於言表。

三國時代是一個上下相疑的多事之秋，曹操和郭嘉能夠做到這樣相互欣賞、互相扶持的主從關係，是很不容易的。從這裡，也能夠看出郭嘉在對待上級的問題上顯示出的高超智慧。

將曹操對待許攸和郭嘉的不同態度進行對比，可以從中看出一些在職場打拼所要遵循的原則。同樣是從袁營投奔而來，同樣都是智慧之士，下場卻存在著天壤之別，原因就在於郭嘉很清楚，作為一個下屬，要做的就是從上司的角度出發，事事為上司的利益考慮，經常是「臣策未決，嘉輒成之」，這自然會贏得曹操的讚譽和喜愛；而許攸則始終不忘自己曾經立下的功績，標榜自己的才能，這自然會遭到上司的反感。

心理學小祕訣

人的創造性和主觀能動性，都是在服從的基礎上建立的。在上司與下屬的相處中，作為下屬的你，一定要明白：給自己做事和給別人做事是兩回事，是不能混為一談的。當上司的立場處於首要地位的時候，你就應當聽從上司的分配，尊重上司的決策。

怨恨上司會把自己逼入絕境

有這樣一個故事說：在希臘神話故事中，有一位大力士，他的名字叫海格力斯。有一天，他走在坎坷不平的路上，看見腳邊有個像鼓起的袋子樣的東西擋了他的路，於是，他便踩了那個大袋子一腳。

可是，讓海格力斯非常吃驚的是，那個袋子發生了神奇的變化，它不但沒被海格力斯有力的一腳踩破，反而膨脹起來，並加倍的增大。

這更加激怒了英雄海格力斯。他立即拿起了一根大木棒砸那個袋子，可沒想到的是，這一次，這個大袋子飛快的膨脹起來，居然膨脹到把路全部堵死了。

海格力斯非常無奈，想不到這個袋子因為他的打擊而膨脹報復了他。正在他不知道該怎麼辦的時候，一位聖者走到他跟前，對他說：「朋友，這個袋子叫做仇恨袋，如果你恨它，它會更加報復你，膨脹起來與你敵對到底。但是你不惹它，它便會小如當初。」

人與人之間也是如此，「仇恨袋」開始很小，如果你忽略它，矛盾化解，它會自然消失；如果你與它過不去，加恨於它，它會加倍的報復。在職場中也是一樣，如果一個人怨恨自己的上司，得到的就是毀滅性的報復。

坦白的說，員工和上司的關係沒有完全融洽的，沒有哪個員工在工作中能保證永遠不被自己的上司批評，這時，一定要有正確的態度，那就是冷靜思考，思考這樣的一個問題，那就是上司批評你的目的是什麼？是為了讓你難堪，為了讓你難受，為了讓你顏面掃地？還是為了讓工作順利推動下去，讓你不再犯同樣的錯誤？這些問題，如果你足夠冷靜，你應該有正確的答案。很多時候，員工看到的都是工作中的細節，但是缺乏大方向上的把握，上司要為整個公司的營運負責，站到了一定的高度上看問題。

如果員工理解了這一點，工作環節就會順暢；如果不理解，那麼至少也該知道服從，打仇恨袋，傷害的只能是自己。

雅姿的工作是網頁設計，她的能力是不容置疑的，而且對待工作認真負責，還時常有令人眼前一亮的創意。但是，她卻在工作中吃了大虧，因為她和上司產生了心結。

事情是這樣的：雅姿為了讓網頁能將產品成功外銷到公司的新市場中，費盡了心力，每到晚上她都主動加班，堅持自己的設計一定要出最好的效果，對於製作中的每一個小細節她都認真的處理。可是，距離客戶約定的時間越來越近了，上司找到了雅姿，讓她在限定時間內做出來。

雅姿有自己的堅持，終於延後了幾天，在客戶不滿的時候遞交了方案。對此，上司沒有表揚雅姿的夜以繼日，而是因為工作流程的不順暢，在團隊開會時批評了雅姿。

這一次的批評讓雅姿記在了心裡，一方面雅姿從此能夠準時的遞交方案了，可是另一方面，雅姿始終對老闆的批評有所抱怨。有時候在和客戶的溝通中，她就流露出不滿，對客戶講有的細節做得不夠好，是因為自己的上司根本不懂得設計，而且為了更快的完成獲得利潤，上司也會讓她趕工，這樣品質就難免下降。

在雅姿和客戶的溝通中，她贏得了所有客戶的好評，但是她在公司很明顯的被「邊緣化」了。不知道為什麼，雅姿發現自己無論有多少客戶，無論工作多出色，她就是拿不到豐厚的獎金，也並未得到提升，公司開會時，上司對她公開怠慢，這讓她的工作環境也惡劣了起來。因為同事們都是看上司臉色行事的，於是雅姿在公司越來越被動，她終於在反思中懂得了自己失誤在哪裡。

沒有一個上司不關注自己的客戶，要知道有很多客戶本身就是上司的朋友，上司不可能不知道員工在客戶面前對自己的評價。如果記恨上司，在客戶面前損害了上司的威嚴，那麼上司的報復就會立竿見影。雅姿也非常後悔，她終於懂得了身為一個老闆，要承擔公司所有的成敗，主觀意識肯定很強，她不該因為記恨上司，以至於毀了自己的前途。

工作中的上司和尊重上司的關係，就是最正確的上司和員工的關係。在公司裡，無論遇到什麼樣的事情，無論自己的上司是什麼樣的人，一定要記住一條鐵律，那就是如果一個人和自己的上司作對，即使是心理上和自己的上司不合，那麼他也一定會被趕出公司大門。

只有在心理上懂得上司是必須尊敬而不能怨恨的人，在和上司產生矛盾的時候，放下「仇恨袋」，發自內心的認可上司的權威地位，懂得上司做事的初衷並不是為了難為自己，才能更好的工作，在公司站穩腳跟。

心理學小祕訣

如果上司沒有給你想要的待遇，而你還想得到你想要的，你應該克制自己內心的不滿。無論你心裡有多少不滿，在上司面前，都要努力做出毫不介意的姿態，強迫自己用更積極的心態工作，這樣才能笑到最後。

員工的天職就是服從和執行

「員工的天職就是服從和執行」，這是鐫刻在美國一家公司培訓室中最醒目的警言。「無條件服從」是沃爾瑪集團要求每一位員工都必須奉行的行為準則。

服從不是抹殺員工的個性，也不是殘酷的體制，而是一個企業確保公司決策順利執行的關鍵。作為員工，對上司指派的任務都必須無條件的服從，沒有服從就沒有一切。

一位知名企業家曾經在某市電視台經濟頻道的談話欄目中談論了這麼一個話題：當今的企業文化還要不要服從。現場幾乎所有觀眾都認為，企業應該遵循人人平等的原則，而不是一味的服從，但當在場的一位企業家說出了自己企業的問題時，現場的觀眾卻對自己之前的想法產生了質疑。

這位企業家說道：「雖然我們公司在產業內排名前三，但我現在還是十分著急，因為外國企業的入駐會對我們形成極大的威脅，所以必須抓住機會，加快發展速度。」

主持人問道：「您現在已經有了明確的發展方向，相信計畫也已成型，為什麼還這麼焦慮？」

員工的天職就是服從和執行

「問題就出現在這裡。」企業家說，「雖然總部已經按照我的思路制訂了策略、計畫，但分公司認為總部的方案不好，而他們自己又拿不出好的方案。後來我們又根據分部的提議採取了像剛才那位觀眾說的民主做法，可還是不行。後來整個公司的效率非常低，早提出的計畫一直拖著。」

聽完企業家的闡述，主持人若有所思的說道：「也許是因為企業的文化缺少了靈魂才造成這樣的現狀，我想這個靈魂可能就是大家所說的服從吧。決策權本就在總公司，而且風險也是由總公司來承擔，分公司不服從，就有點本末倒置了。」

這期節目引起了許多企業界人士的關注，大家也開始深刻意識到一個企業的服從意識是多麼的重要。服從是行動的第一步，工作中丟棄了服從，就會讓下級搞不清楚自己的角色，不知道誰是上級。只有服從，才能讓整個團隊發揮出超強的執行能力，使企業得到合理發展。沒有服從，即便上司有再好的決策也無法執行下去，整個團隊也就失去了核心價值。

西點軍校塑造出了許多企業管理精英，像沃爾瑪、可口可樂、通用電氣的創始人或CEO，都是出自西點軍校。不要懷疑一個陸軍軍官學校怎麼會培養出那麼多的企業家，這不是偶然，而是依靠著一個重要的服從的法寶。

西點軍校視服從為美德，認為它是「上司之母」。西點軍校規定，軍人必須以服從為天職，否則就無法在軍隊立足，更沒有資格擔任中高級上司職務。

畢業於西點軍校的沃爾瑪創始人沃爾頓說過：「我們要的不是和上司作對的員工，而是服從上司決策、第一時間完成任務的員工。沒有服從就沒有執行，團隊運作的前提條件就是服從。」

心理學小祕訣

服從是員工的天職，是員工職業精神的精髓。一個人只有在學習服從的過程中才會實現團隊的利益和自我價值。如果員工做不到服從，那麼在團隊協作的時候就很難達成共同的目標；反之，有了服從，團隊就會有凝聚力，每個人也都能發揮出超強的執行能力。服從是成為優秀員工的首要任務。只有定位好自己服從的角色，才能在現代的職場競爭中立於不敗之地，也才能使你成為公司不可或缺的員工。

執行上司的指令不打折扣

在現代職場中，僅僅憑著自己掌握的技能和勤懇的工作就想在職場遊刃有餘、出人頭地，未免有些過度樂觀。一個人的能力和勤奮固然很重要，但是對於一個優秀的員工來說，僅僅做到這兩點是遠遠不夠的。很多員工很有能力，工作也很努力，但卻始終得不到上司的賞識，原因就在於沒有對上司「三從」，也就是：上司的命令要服從，上司的教誨要聽從，上司的步調要跟從。要記住，你和上司永遠差一步，身在職場，「三從」是一個優秀職員必須要練就的基本功之一，也是職場博弈中應該注意的。

李小姐是一名初涉職場的大學畢業生，對於職場的很多規矩和潛在法則並不十分了解。

一天，李小姐的上司徐經理因為貪便宜進了一批假貨，得罪了公司的一個老客戶，徐經理和對方大吵了一架，並讓李小姐發份郵件把這個客戶痛罵一頓。然而過了不久徐經理火氣消了人也清醒了，便叫李小姐趕緊再發一封郵件給客戶道歉。

李小姐當即向經理表示，自己根本沒有將那封郵件發出去。她滿心以為徐經理會表揚自己，誰知道卻遭到了經理的批評。

李小姐委屈的說：「我知道您一定會後悔，所以幫您壓下了。我知道什麼該發，什麼不該發。」

經理沒有作任何表示，但很快，李小姐就感到徐經理對自己的態度越來越惡劣，於是只好辭職了。

在職場中，上司和下屬的關係是不能用簡單的對錯來區分的。況且，即使上司真的在處理某些問題的時候出現了差錯或失誤，也不應該當面指出或是公開予以反駁。

在職員與上司的相處過程中，上司的權力比職員大，在任何情況下都占有優勢，職員永遠處於劣勢，在相處中職員與上司發生衝突，其結果是上司永遠是獲益者。所以，作為職員，應該明白，下屬的職責不是替上司去判斷對錯，而是根據上司的指令去完成工作。

在上司的眼裡，服從永遠是最重要的。你所能做的就是當上司的命令下達時，準確而認真的完成上司交給你的任務。

辦公室所有的員工是一個團體，作為上司，他在這個團體中的時間比你長，也已經建立了他的管理原則和行動的方向，從而帶領這個團體實現高效運轉。你可能因為暫時性的不適應而導致對上司的工作方式和方法產生懷疑，但即使如此，你也應當積極配合上司完成工作。如果每個人都不聽從上司的話，都按照自己的想法去行事，那麼用不了多長時間，公司就會垮掉。

有些人對上司分配的工作抵觸，認為上司分配的工作和自己的本職工作沒有任何關聯，但你應當明白，一個精明的上司是不會無故安排你去做一些分外之事，也許他是在藉機考察你對工作的態度和應變能力。因此，如果上司不是故意刁難你的話，就應當服從安排。

小王大學畢業後透過應聘進入了一家公司。剛開始上班時，他認為只要把自己的本職工作做好就萬事大吉。但是，後來他發現很多不在他工作範圍內的事情，上司也會安排他去做。例如打掃辦公室、整理辦公桌等等。有時候做不好還會遭到批評，他感到非常煩悶，覺得上司是在故意整他，把他當做苦力來使。漸漸的，他有了不滿的情緒，甚至想要跳槽換個環境。

後來，一位老同事悄悄告訴他：這是公司的規矩，每個上司都會用這種方式考驗下屬的工作耐心和工作熱情。上司給你增加額外的工作，是在考驗你的能力，千萬不要錯過這樣的機會。

小王聽了同事的話，很快轉變了態度。此後，有什麼累活重活，他總是很主動的承擔下來，得到了上司的讚賞。半年後，他被提拔為辦公室助理。很多時候上司雖然在能力方面不一定比你強，但在用人等方面肯定比你老練。高明的下屬是絕對不會對上司評頭論足的，他們會把上司當做一本經驗豐富的人生教科書來讀。讀懂了上司，你就讀懂了職場的一半。

當然，僅僅只有這些是不夠的，你還要學會跟從自己的上司，任何時候都不和上司唱反調，和上司的步調保持一致。舉個例子，如果上司制定了一項措施，並且即將執行，那麼即使你發現其中存在著不少漏洞，也要堅決的予以執行。因為上司已經決定的事情是不可更改的，你據理力爭的結果，不僅不會對事情有任何幫助，反而會將自己推向上司的對立面。因此，一定要學會服從自己的上司。學會了服從，上司就會把你當成自己人，並給予你更多的施展空間。

心理學小祕訣

職場是一個學問深奧的地方，要想在職場八面玲瓏，必須要練好自己的基本功。員工與上司這兩者，員工永遠處於弱勢，員工與上司的任何爭論，都不會給自己帶來利益，反而會使自己的利益受到打擊。在與上司相處的過程中，作為下屬的你，學會服從是明智的選擇。

努力與上司保持同樣的風格

這裡有一個非常生活化的心理現象，即視網膜效應，它指的是當人們自己擁有一件東西或一種特徵時，就會比平常人更去注意別人是否跟自己一樣具備這種特徵。舉個簡單的例子來說，當一個人感覺今天穿白色的衣服，走在人群中會非常醒目，那麼，走在人群中，他就會注意到，有的人選的和自己一樣，也是這種脫俗的白色衣服。

對於職場來說，視網膜的效應也非常強大，想一想，在自己的公司，最兢兢業業、無人能敵、視公司為家的人是誰？毫無疑問，是老闆！是的，的確如此，老闆勤奮，每天可以不帶任何情緒的超出八小時工作時間，繼續努力工作。

那麼，他會選擇什麼樣的員工？他最關注員工品質中的哪一方面呢？

根據視網膜效應，我們會得到這樣的資訊，那就是：上司們最喜歡的員工是和他們氣質相投的，而且，他們更加希望員工能和自己一樣努力工作。這是上司們的夢想，那麼，你在職場上打拼，也要學會用腦子觀察他們在做什麼，不論真心還是假意的保持同等風格！

卡內基先生在很久以前，也提出這樣的一個論點：每個人的特質中有百分之八十是長處，而百分之二十左右是人們的缺點。當一個人只知道自己的缺點，而不知發現優點時，「視網膜效應」就會促使這個人發現他身邊也有許多人擁有類似的缺點，進而使他的人際關係無法改善，生活也不會快樂。

當然，如果一個人能夠在發現自己的優點的時候，也會有能力看到他人的可取之處。而能用積極的態度看待他人，往往是做好人際關係的必備條件。

李華在一家業內聞名的設計室上班。對於他的發展來說，重要的是成為設計室的資深人員，因為這家設計室的創始人有著一流的設計思想。而對於設計室來說，李華懂得，如果做一名小兵，永遠都打不開自己的思路，也永遠只是一個沒有進步的執行者。他覺得已經接觸到了一流的人物，那麼就要接近自己的上司，打開自己的思路。

這家設計室的上司高先生是一個嚴肅的一絲不苟的人，但是他定期也會和同事們一起聚餐。有一次聚餐的時候，高先生的妻子也在，於是就隨口說了一句：「前兩天，我叫老高和我一起來這裡吃飯，他還不答應，說等著和大家一起來。」

凡是和高先生有關的事情，李華都會非常用心聽。是的，他想起了原本訂的聚餐時間是昨天，但是改到了今天，是因為昨天工作室人數湊不齊餐廳的優惠要求。而為了優惠，高先生就調整了日期。

李華看到了高先生的做事風格，因為高先生是白手起家，據說當他的設計作品不被認可的時候，曾經到處借錢，還免費給人設計，吃了很多苦頭，如今，雖然高先生有了很高的聲譽，但是他依然保持了以往的節儉作風。他唯一一次的玩笑話，就是說要「少吃飯，多工作」，有時候到了中午，一個煎餅就解決了吃飯問題。

李華根據自己的觀察，找到了一個時機。有一天，高先生給他錢，讓他去訂桶裝水，李華認真的比較了一下桶裝水的價格，決定了一家，然後他又利用長期訂水的優勢，爭取了一定的優惠條件，隨後，才拿著節約下來的錢敲開了高先生辦公室的門。

李華也注重行動上的一些細節，比如他養成了隨手關燈，不用電腦的時候就關閉顯示器的好習慣。而且，有一次下班走的時候，高先生看到李華正在檢查所有人的顯示器，直到所有人的顯示器都關閉了，再關好燈走出門。

這些和高先生一樣的細節，果然引起了高先生的好感。不多久，李華就被提升為組長，負責管理大家的日常工作，而高先生也親自指點李華進行設計，放心的讓李華研究自己的思想，然後去指導設計室其他人的工作！

事實上，老闆們很難找出另外一位真正完全像自己一樣工作的員工，就是真有員工和老闆一樣拼命的做而且還很能幹，那麼這樣的員工和老闆的心態是不一樣的，他在拼命為企業做的同時，也在為自己做。因為，這樣拼命能幹的員工將來十有八九自己就是老闆，而且還很有可能是原公司的競爭對手。

但無可否認的是，老闆們還是喜歡和自己一樣喜歡公司，期盼公司成長，並付出巨大努力的人。所以，作為員工，應該學習老闆的優點，要用心的發現他的優點，並告訴自己，你又獲得了一次學習的機會。

心理學小祕訣

讓上司的強大對自己不再是壓力，而是一次獲益的機會。這樣的學習意識，會讓你的心靈越來越富足，越來越堅韌，就更不用擔心自己的提升了！

怎樣與不同類型的上司相處

在心理學中，有一個「九型人格」又名「性格形態學」的名詞，即人的九種性格。由於九型人格是一種能夠對性格進行分析的精妙工具，它可以讓人真正的知己知彼，認識自己的長處、短處，懂得如何與不同的人交際溝通及融洽相處。因此，這一心理學名詞已風行歐美學術界及工商界。

九型人格包括以下內容：

⑴創意型上司。

這種人喜歡創新，通常點子多，也喜歡有創新思維的下屬。通常喜歡召集下屬開會，發表他的創意，至於細節如何，他卻不太關心。因為想法不斷推陳出新，這種人隨時有新指示，不斷有新任務，但可能很快又改變主意了。當這種人的下屬簡直苦不堪言，無論怎麼做，都可能動輒得咎，大感無所適從，因此總覺得沒有成就感，感到很壓抑。而微妙的是，這種上司也因在下屬中難找知音而倍感痛苦。

面對這類上司，你一定要裝出很忙的樣子，好像隨時在做他交辦的事情，而且要比他早到公司，晚離開公司。你需要保持耐心，隨時待命，無怨無悔接受他的新指令，但一定要懂得當啦啦隊，讚揚或鼓掌，推崇他的創意。自己的想法被肯定，能引起共鳴，是這類老闆最快樂的事。

⑵行動型上司。

這類人行動力超強，事必躬親，對交給下屬的工作總是很不放心。他們每天都忙忙碌碌，下班時還會帶一大堆公文回家，是典型的工作狂。這類人往往對公司的長遠發展缺少規劃能力，卻又閒不下來，只好找事做，因此，他們眼中沒有層級和制度，自己隨時會跑到第一線指揮作戰，搞得大家手忙腳亂。

當他們的下屬，只能做好手頭的事情，然後等候差遣。若他們交給你任務，你就好好完成；若他們不給你任務，你只要表現出忙碌的樣子就好。

（3）專橫型上司。

這類上司才華過人，性情剛毅，脾氣不太好。

作為這類上司的下屬，要學會體諒老闆，有時他對你發火或許只是一時衝動，並無惡意。而當你做錯事時，一定要學會低頭認錯。

（4）猜忌型上司。

這類人疑心很重，下屬很難得到他的信任。他總是不斷的猜測下屬的想法，並找出對方背叛自己的理由。

如果你是這類上司的下屬，即使你對公司有貢獻，也應該表現得像沒事一樣。如果你居功自傲，則很可能招來老闆的不滿。

（5）健忘型上司。

這類上司記性不好，明明昨天講過某一件事，今天卻說根本沒講過。或者他昨天講的是這個意思，可今天卻說是那個意思。他們常常顛三倒四，也常常丟三落四。

對這樣的上司，當他講述某個事件或表明某種觀點時，下屬可裝作不懂，故意多問他幾遍，也可提出自己不同的看法，以此來加深上司對這個問題的印象。如果你是祕書，接到上級通知後，最好把文件直接給他看，並把有關時間、地點、所帶物品等要素用他的筆劃出來，或者把它寫在老闆的桌曆上。

(6)模糊型上司。

這種上司在布置工作任務時含糊其辭，從來沒有明確具體的要求。他的話既可以理解成這樣，又可以理解成那樣。有時前後相互矛盾，下屬根本無法操作和實施。一旦你去做了，上司就可能責怪你，說他的要求不是這樣。

對這樣的上司，在接受任務時，你一定要問清楚具體要求，特別在完成時間、人員落實、品質標準、資金數目等方面要盡可能明確，並記錄下來，然後讓上司核准後再行動。下屬請示某項工作，並希望得到明確答覆時，這類上司有時會「哼哈而過」，而沒有明確表態，有時說「知道了」，有時說「你看著辦」。為了避免日後不必要的麻煩，下屬可以反覆說明旨意，並設法誘導老闆明確表態。如說「你的意思……」，讓上司續接，或者用猜測性口氣讓上司回答，如說「你的意思是不是讓我幫你把文件拿過來。」

(7)粗心型上司。

這類上司做事粗心，對上面的檔草草翻閱，去開會時不認真聽，而是說說笑笑，進進出出。回公司傳達上級旨意時，照本宣科。當職工提出具體疑問時，他解說不清，十分尷尬。

對付這類上司的方法是反覆申明，多次強調，最好三四個人輪番強調，促使其引起重視，認真對待。

(8)無知型上司。

這類上司喜歡不懂裝懂，明明自己外行、不擅長，卻喜歡裝內行，想顯示自己，有時候還要瞎指揮。對這樣的上司，可分別對待。如果是重要的、帶有原則性的問題，下屬可直接闡明觀點，或據理力爭，堅決反對；若是無關大局的小問題，下屬要盡量表面認同他，避免正面衝突以致情勢惡化。

（9）維護原則型上司。

這類上司上班從不遲到，一到點會準時出現在辦公室，不允許員工在辦公室打私人電話，關注一切事務。這類上司並非死板，而是原則性極強，是一就絕不允許是二，還喜歡掌握一切。

對於這樣的上司，作為下屬的你唯一要做的就是遵從，好好配合他，不要破壞他訂立的任何一項條例，否則將招來大禍。

心理學小祕訣

要想很好的與上司相處，就必須知道上司屬於哪一類型，有什麼樣的性格特徵，他的行事風格是怎麼樣的。如果你向一個只願把握大局的上司匯報一堆細枝末節的工作，他會煩你的；如果上司喜歡上午處理問題，而你偏偏在下午找他，你會被認為是一個不識相的員工，如此等等。只有知道了這些，你才能做到「對症下藥」，應對自如。

不要企圖替你的上司作決定

如果你的上司願意聽聽你的意見，那麼你可以大膽說出你的想法和看法。但是千萬記住，即便你的意見是對的，也不能強迫他採納，更不能自作主張，替他做主。那樣，就顯得你比他聰明，會讓他很沒面子，他當然也不會給你好果子吃。

羅馬執政官馬西努斯圍攻希臘城鎮帕伽米斯的時候，由於城高牆厚，士兵們死傷慘重卻仍然未能攻占這座城鎮。最後，馬西努斯發現城門是最薄弱的環節，於是打算集中兵力猛攻城門。但要攻打城門就必須用到撞牆槌，當時軍中並沒有這種器械。馬西努斯想起幾天前他曾在雅典船塢裡看過兩支沉甸甸的船桅，就馬上下令把其中較長的一支立刻送來。

然而，傳令兵去了多時，桅杆仍未送達。原來，是軍械師與傳令兵發生了爭執：軍械師認為短的那根桅杆才能真正發揮作用，不但攻城效果比長的那根要好，而且運送起來也方便，他甚至花了不少時間畫了一幅又一幅圖來證明自己的專業。而傳令兵則堅持執行命令，既然上司要長的桅杆，他的任務就是讓人把長桅杆送到上司面前。

面對軍械師喋喋不休的說辭，傳令兵不得不警告他，他們的領袖是不容爭辯的。他們都了解領袖的脾氣，軍械師終於被說服了，他選擇了服從命令。在士兵離開以後，軍械師越想越覺得自己的想法是正確的，他覺得服從一道將導致失敗的命令是毫無意義的，於是，他竟然違抗命令送去了較短的船桅。他甚至幻想著這根短桅杆在戰場上發揮功效，使領袖不得不賞賜他許多戰利品以讚揚他的高明。

馬西努斯見送來的是那根短的桅杆很生氣，馬上召來傳令兵，要他對情況做出合理的解釋。傳令兵忙向他彙報說軍械師如何費時費力的與他爭辯，後來還承諾要送來較長的桅杆。馬西努斯對這名軍械師的自以為是深感震怒，於是，他下令馬上把這名軍械師帶到他面前來。又過了幾天，軍械師才到達。他並沒有察覺到領袖的震怒，反而為能夠親自向領袖闡述自己的正確理論而洋洋得意。他仍然以專家自居，滔滔不絕的說了許多專業術語，並表示在這些事務上專家的意見才是明智的。馬西努斯見軍械師仍然不改其說大話的老毛病，十分生氣，立刻叫人剝光他的衣服，用棍子活活將他打死。

這名軍械師可能死後也不會搞懂自己錯在什麼地方，他設計了一輩子的桅杆和柱子，還被推崇為這方面最好的技師，憑他的經驗，他知道自己是對的，因為較短的撞牆槌速度快、力道強，更適合攻城。他可能永遠也沒辦法想通，他費盡口舌向統帥解釋了大半天，為什麼統帥仍然堅持他的無知呢。

在現實生活中，像軍械師這樣自以為是的人隨處可見，即便在上司面前他們也不懂得收斂。雖然我們不能否認他們的聰明才智，但是這卻犯了上司的大忌，他們或許能接受你的意見，而絕對不容許你替他作決定，你的越俎代庖，會讓他覺得你是自作聰明，對他不夠尊重。所以，要記住你只是獻策而非決策。

在現代職場，我們千萬不能走進一個盲點，即便是你深得上司的賞識和重用，也不能因此狂妄自大，認為自己可以擅自作一些決定。你要永遠把上司放在第一位，任何一個關鍵性的決定都要經過上司的同意，哪怕你只是走一下「形式」，也很有必要。問題的關鍵不在你作的決定上，而在於你是不是尊重你的上司，有沒有忽略他的存在。

王自成年輕幹練、活潑開朗，進入企業不到兩年，就成為主力幹將，是部門裡最有希望晉升的員工。一天，公司經理把她叫了過去：「小王，你進入公司時間不算長，但看起來經驗豐富，能力又強。公司開展了一個新專案，就交給你負責吧！」

受到公司的重用，王自成歡欣鼓舞。恰好這天她要去某周邊都市談判，考慮到一行好幾個人，坐公車不方便，人也受累，會影響談判效果，如果搭計程車一輛坐不下，兩輛費用又太高，她想來想去覺得還是搭一輛車好，經濟又實惠。

主意定了，王自成卻沒有直接去辦理。幾年的職場生涯讓她懂得，遇事向上級彙報是絕對有必要的。於是，她來到經理辦公室。

「老闆，您看，我們今天要出去，這是我做的工作計畫。」王自成把幾種方案的利弊分析了一番，接著說，「我決定搭一輛車去！」彙報完畢，王自成滿心歡喜的等著讚賞。

但是，王自成聽到經理板著臉生硬的說：「是嗎？可是我認為這個方案不太好，你們還是買票坐車去吧！」

王自成愣住了，她萬萬沒想到，一個如此合情合理的建議竟然被駁回了。他大惑不解：沒道理呀，傻瓜都能看出來我的方案是最佳的啊。

其實，問題就出在「我決定搭一輛車去」這句自作主張的話上。王自成凡事多向上級彙報的意識是很可貴的，但她錯就錯在措辭不當。在上級面前，說「我決定如何如何」是最犯忌諱的。如果王自成能這樣說：「經理，現在我們有三個選擇，各有利弊。我個人認為搭計程車比較可行，但我做不了主，您經驗豐富，您幫我作個決定行嗎？」上司若聽到這樣的話，絕對會做個順水人情，答應你的請求，這樣才會兩全其美。

即使對待能力不強的上司，同樣要保持尊重，不擅自行動和作決定。要知道他才是公司的最高決策者，你充其量只有提建議的權利，你替他作決定，就等於無視他的存在，他怎麼能夠容忍？因此，凡事要量力而行，不可擅作主張。

心理學小祕訣

作為一名上司手下謙虛、聰明的下屬，你要把你的決定以最佳的方式滲透給他，從主動的提議變成被動的接受。忌急躁粗暴，多傾聽和徵詢上司的意見和建議，少做一些不容辯駁的決定和爭論，即使你是對的。

以上司的理想規劃職業生涯

據心理學的研究揭示，人很容易相信一個籠統的、一般性的人格描述特別適合他。即使這種描述十分空洞，他仍然認為反映了自己的人格面貌。

曾經有心理學家用一段籠統的、幾乎適用於任何人的話讓大學生判其斷是否適合自己，結果，絕大多數大學生認為這段話將自己刻畫得細緻入微、準確至極。

下面是心理學家使用的材料，現在用這段話來對照我們自己，他說得對嗎？

你很需要別人喜歡，並且你渴望得到別人的尊重，你有許多可以成為自己優勢的能力，但是還沒有發揮出來。同時你也有一些缺點，不過你一般可以克服它們。

你與異性交際有些困難，儘管外表上顯得很從容，其實你的內心，有時候焦急不安。

你有時懷疑自己所做的決定或所做的事是否正確。你喜歡生活有些變化，厭惡被人限制。你以自己能獨立思考而自豪，別人的建議如果沒有充分的證據你不會接受。你認為在別人面前過於坦率的表露自己是不明智的。你有時外向、親切、好交際，有時則內向、謹慎、沉默。你的有些抱負往往很不實際。這其實是一頂套在誰頭上都合適的帽子，容易讓人迷失自己，個人在認識自我時很容易受外界資訊的暗示，從而常常不能正確的認識自己。認識自己，心理學上叫自我知覺，是個人了解自己的過程。在這個過程中，人更容易受到來自外界資訊的暗示，從而出現自我知覺的偏差。

人們很多時候，會將自己迷失在他人的暗示中。尤其當人的情緒低落、失意的時候，能在酒桌之上把上司當做知己，離開了酒桌，你千萬別以為你就是老闆的兄弟了，你要靜下心來，研究老闆剛才說的話，哪一句才是他內心的要求。

一個缺乏安全感的人，心理的依賴性也大大增強，受暗示性就比平時更強了。在職場中，人們同樣如此，人們既不可能每時每刻去反省自己，也不可能總把自己放在局外人的位置來觀察自己，於是只能借助外界資訊來認識自己。正因如此，每個人在認識自我時很容易受外界資訊的影響，迷失在環境當中，受到周圍資訊的暗示，並把他人的言行作為自己行動的參照。

藍心智是一名特別的上司，她幽默，而且有著特有的豪爽。上班的時候，她到各個部門視察，有時候，看到氣氛沉悶的部門，她就非常痛快的和大家開玩笑，說：「行啦，都停下手裡的工作。別我一來，你們就裝出很忙很投入的樣子，聊一會吧！」

公司在她獨特的領導力和活躍的氣氛的帶動下生機勃勃，但是這並不意味著她不管理，對於管理，她向來的口號是，行霹靂手段，方顯菩薩心腸。對於員工的失誤，她也從不心慈手軟。這讓所有的員工都覺得她高不可測。

有一天，藍心智在中層的管理者中開了一次會，她想透過這次會議，讓中層上司從基層管理者間產生。每一個管理者都想得到更好的發展，可是大家都在想：開會會講些什麼呢？

令大家感到震驚的是，開會的時候，藍心智非常灑脫從容，她隨意的問了大家這樣的一個問題，那就是：你在為誰工作呢？

這句話是很多基層管理者經常問員工的，也有很多人在給新員工培訓的時候，就貫徹這樣的觀念，那就是站在一個為公司工作的高度上，為了公司更好的發展，理解公司的每一個決策。

她問了幾個人，第一名基層管理者的回答是：「為公司工作。」聽到這裡，藍心智啞然失笑，她平靜的說：「大家都在為公司工作，那麼，我問你們，你們願意這樣嗎？每天必須按照公司規定的時間上班，按規定的時間下班，每到下班的時候就拖著自己疲憊的身體，如釋重負的回家，這一切的付出都只為了月底的薪資。」第二名管理者心想，應該更加多的表達自己的忠誠，於是說：「為老闆工作。」這幾乎讓藍心智失望了，她做了一個崩潰的表情，說：「為老闆工作，你願意嗎？利益來了的時候，我什麼具體的工作不做，反而把利益的大頭拿走，而你，操心傷神，天天還要安撫員工，還要接受上司的檢查，你對這樣的工作狀態能夠開心面對嗎？」

剩下最後一名手下，他知道這樣正式的場合，不應該做「超過」的回答，可是，他還是鼓足勇氣說：「我為自己工作。」

這個回答讓大家面面相覷，而藍心智的臉上心花怒放，她笑著說：「為什麼呢？」

這名手下說：「每個人做事都是為了自己，這是根本的生存和工作態度，我清楚自己在做什麼，而且，有這樣的心態工作才不會覺得迷失。」

藍心智終於聽到了自己滿意的答案，她說：「你的回答是對的，為自己工作，做好自己職位上的事，這才是我想要的理性管理者。」

心理學小祕訣

如果此刻你沒有自己的職業規劃，相反，你過多關注了公司的理想和上司們的八卦，你就容易忘記自己的職責，也會因為目標模糊而迷失了自己。那麼，就請一定記住，以上司的理想為理想，就容易看不到自己的理想。與其等待著企業發展壯大，不如讓自己的壯大為企業發展增加活力！

要和上司保持一定的距離

這裡有一個和刺蝟有關的故事：為了研究刺蝟在寒冷冬天的生活習性，生物學家做了這樣一個實驗，他把十幾隻刺蝟放到戶外的空地上。因為寒冷，這些刺蝟被凍得渾身發抖，為了取暖，牠們想了一個辦法，那就是所有的刺蝟緊緊的靠在一起。

可是靠在一起的時候，問題出來了，因為忍受不了彼此身上的長刺，刺蝟們又不得不馬上分開。可是天氣實在太冷了，後來，牠們又再次嘗試靠在一起取暖。然而，靠在一起時的刺痛使牠們不得不再度分開。就這樣反反覆覆的分了又聚，聚了又分，不斷的在受凍與受刺之間掙扎，最後，刺蝟們終於找到了一個適中的距離，既可以相互取暖，又不至於被彼此刺傷。

對於人來說，這個法則同樣具有重要的意義，《三國演義》開篇即道：「凡天下事，分久必合，合久必分。」人與人的距離同刺蝟間的沒有任何分別，走得太近，人們對彼此的要求就會提高，一旦對方無法滿足自己的心理要求，就會出現裂痕，這裡尤其要講到的是，職場中員工和上司的關係。

對於職場人士來說，這個道理更加重要。無可否認的是，上司和下屬的關係，就是上司與被上司，無論員工做了什麼樣的貢獻，都不要偏離了原來的這個軌道。只要偏離，對不起，你只有走人了。

要和上司保持一定的距離，不要和上司稱兄道弟，在這個法則中不再是忠告，而是警告！也許在酒桌上，上司拍著你的肩膀稱兄，你卻不可以反摟著他道弟，老闆可以喝醉了胡說，你卻不能跟著發狂。

朱捷是踢球時認識的溫主管，後來他就被溫主管看重，來到了公司。朱捷和溫主管踢球的時候，就發現溫主管為人的特點。比如說，天氣太熱，需要買水，溫主管從來不掏錢，朱捷買回來後，他只說聲謝謝，拿過水就喝。抽菸的時候，也總是抽別人的菸。透過這些觀察，朱捷看出溫主管是一個非常愛占小便宜的人，於是進入公司之後，他便更加主動給溫主管便宜占。

週六週日的時候，朱捷不但陪溫主管一起打球，而且還常常請客吃飯。每次朱捷出差回來，從來就沒有空著手去見溫主管。終於有一天，酒過三巡，溫主管非常高興，他真誠的拍著朱捷的肩膀說：「兄弟，在我們公司，我把你當成自己人一樣。」

這讓朱捷非常興奮，趕緊拜溫主管為大哥，而溫主管拿到了好處之後也總要「意思意思」。一次，趁經理高興的時候，就替朱捷說了幾句好話，朱捷很快就被加薪了，果然是「兄弟情深」。

朱捷也經常在發薪資的時候，買點好酒好菜去溫主管家裡吃飯，就像在自己家裡一樣。可朱捷這個人有一個非常不好的嗜好，就是好賭，有一次，輸了錢竟然向溫主管的老婆借錢。

溫主管本來就是那種一毛不拔、淨占別人便宜的鐵公雞，對朱捷憑著和他有點交情就隨意打自己算盤的做法相當惱火。他心裡想，爛泥扶不上牆，就想暗暗的和朱捷斷絕來往。

但是溫主管同樣是一個非常有心機的人，他表面上很平靜，對朱捷說：「我剛把錢借給了我老家的親戚，不好意思了，兄弟，若有困難找別人借借看。」

誰知第二個月，朱捷發生經濟危機時再次偷偷向溫主管妻子提出借錢。溫主管當然不願意，又以種種理由推卸。可是朱捷不知死活，前後多次去溫主管家借錢，真讓溫主管怒火中燒。

結果，朱捷拿到了一張辭退通知。理由是他的一次遲到。對於這次遲到的處罰，溫主管沒有罰朱捷的錢，只是很「語重心長」的對朱捷說：「兄弟，你的遲到，我管得了，可以不罰你的錢，但是開除你是經理的意思，我也無能為力。」

哪個上司不會演戲？尤其在朱捷面前。溫主管在朱捷感激涕零的時候，果斷的開除了這個「兄弟」。

想一想和上司走得太近，工作將有多麼被動。即使不做出格、讓上司為難和反感的事情，也要想一想其他人的看法。如果走得太近，想和上司一起吃吃飯，其他人會怎麼看；如果想和上司一起打高爾夫，同事又會怎麼看？

大家會認為，這是迫於上司的壓力，不得不諂媚討好，做一個二十四小時奉陪的小跟班。明明同事之間正在討論一個話題，但是不知道傳到上司的耳朵裡會有什麼樣的變化，於是，見到了上司的心腹，自然三緘其口。

就這樣，上司的心腹逐漸的就被「邊緣化」了，尤其當上司頒布讓員工不滿的制度的時候，大家就會拿這個人出氣。而且最危險的是，上司可以隨時離職，去其他的地方接著做上司。可是新上司來了，會怎麼處理這個前任的心腹呢？

心理學小祕訣

上司就是上司，任何時候，都要保持絕對的距離。對於上司和員工的關係來說，距離就是最好的保護和尊重！

相信上司的判斷力

心理學家布里丹提出的一種理論認為，人們在決策過程中容易出現那種猶豫不定、遲疑不決的現象。

布里丹是巴黎大學教授，由於他證明了在兩個相反而又完全平衡的推力下，要隨意行動是不可能的，而名聲大噪。流傳的一個故事是：布里丹養了一頭小驢，他每天向附近的農民買一堆草料來餵養，有一天，送草的農民好心的多送了一堆草料，放在旁邊。

可是想不到的是，毛驢站在兩堆數量、品質和與牠的距離完全相等的乾草之間，反而沒有馬上採取行動去吃草料，而是左右為難。牠雖然享有充分的選擇自由，但由於兩堆乾草價值相等，客觀上無法分辨優劣。於是，這頭可憐的毛驢就這樣站在原地，一會考慮數量，一會考慮品質，一會分析顏色，一會分析新鮮度，猶猶豫豫，來來回回，非常的痛苦。

這個故事給了人們很大的啟發，因為在每一個人的生活中也經常面臨著種種抉擇，如何選擇對人生的成敗得失關係極大。有一句話叫「少則得，多則惑」，人們在有很多選擇的時候，都希望得到最佳利益的抉擇，所以就會在抉擇之前反覆權衡利弊，再三仔細斟酌，甚至猶豫不決、舉棋不定。

真實的情況是，機會稍縱即逝，並沒有留下足夠的時間讓人們去反覆思考，最重要的是當機立斷，迅速決策。如果猶豫不決，就會兩手空空，一無所獲。

大家一致以為，上司于正林只是一個有錢的「庸人」。他是一個房地產公司的外聘總監，據說在商場打拼多年。照理說，員工本來是很佩服他的，可是隨著接觸增多，員工們發現關於房地產的分析，很多的知識于正林都不懂，當員工向于正林彙報的時候，于正林根本就不會仔細研究員工遞交的資料，也從不檢查公司財務做的帳目。

還有，有大客戶看房子的時候，客戶提問的問題都很專業，于正林經常都是讓手下的得力人員去回答問題。直到要決定生意是否成交，于正林才會出馬決定。財大氣粗、給出優厚條件的客戶，于正林未必會和他簽約；而有的客戶，大家覺得給出的條件一般，于正林反而會去簽約。

於是，員工們最不明白的問題就是為什麼這樣的「庸人」可以坐在這麼高的位置上。後來發生的一件事情，更讓大家費解。

公司拿出了一筆資金投入一片地產，根據辛辛苦苦的分析和嚴謹的推論，大家一致認為選擇A地區，具有很大的升值空間，可是于正林就看中了B地區。大家一考察，發現B地區人口稀少，房地產發展機會渺茫，房子建好了也可能沒人來住。

但是于正林決議投資B地區。他認為B地區有著天然的優勢，很多都市的人們都厭倦了都市裡的喧囂和忙碌，一定會喜歡在B地區安置生活。

各有利弊，大家爭議了很久，但是因為A，B地區都有客戶競爭，於是于正林毫不猶豫的決定投資B地區，這讓大家非常氣憤，覺得于正林一意孤行。後來，甚至有幾個專業知識特別豐富，早就瞧不起于正林的人乾脆辭職。

于正林很平靜的給員工辦理了離職手續，用上司的魄力面對這樣的一個狀態。他在開會的時候，只說了簡短的幾句話，他告訴大家，他敢於有這樣的判斷，也敢於承擔任何後果，他本人不願意多解釋，因為在成果沒有出來之前，一切都是枉費心思。

果然，過了不到一年，形勢發生了逆轉，隨著經濟走向，為了迎合都市人的生活，于正林在B地區開發了農家樂，越辦越紅，取得了重大的成果。由於B地區是低投入、高收入，收入就遠遠超過了投資A地區的收益，讓曾經質疑的人刮目相看。

大家這才明白，原來錯的人是自己，庸人也只是自己！上司之所以成為上司，重要的不是專業知識，而是面對兩件事情的時候，能夠有決斷的勇氣、高瞻遠矚的眼光！

在職場中，有不少人抱怨上司的時候，都會有這樣的感覺，那就是上司的能力並不強，只是機遇好，或者一些別的原因，才讓專業知識不強的他坐在了一個比自己高的位置。

事實果然這樣嗎？很多時候，上司有不為人知的一面，他不需要有多強的專業知識，因為他不是某個專業的技術員。他是要懂得統籌安排、懂得決策，並且要為自己的每一個決策最終承擔責任的人。

打個比方說，如果有一個上司，專業知識很強，但是本身特別沒有主意，做事情也怕擔責任，比員工還害怕承擔後果，員工問什麼的時候，他只會說「等我再找上級批示，然後回覆你」。這樣的「人才」上司會比誤以為「庸才」的上司更讓人煩悶。

這就是說，只要能夠對一件事情敢於決策，他就超過了一般員工做事情的衡量和勇氣。況且，對於個人來講，你可以選擇公司，但是上司是流動的，你不能選擇你的上司會是誰。

心理學小祕訣

員工的工作歸根結柢是為公司的利益，也完全圍繞著企業的管理者展開，要懂得上司真正的作用是什麼，做出積極的配合。坦白說，你的行為需要對上司解釋，但是如果老闆的決定，你暫時不能夠理解，那麼就只有唯一的選擇，那就是保持敬畏之心！

像老闆一樣去思考問題

想處理好與老闆的關係，想得到老闆的讚賞，就需要像老闆一樣去思考問題，站在老闆的角度積極行動。在工作中，當你對自己說「如果我是老闆會怎樣看這個問題」的時候，你會對自己的工作態度、工作方式，以及工作成果提出更高的要求。只要你站在老闆的角度去積極行動，那麼你很快就能得到老闆的認可和重用。

人與人之間只有透過了解才能理解，只有透過欣賞才能體諒。工作中，當你覺得委屈和失望時，就對自己說：「假如我是老闆……」換位思考後，我們就會感覺到自己是老闆的戰友、朋友，是企業的一分子，而不是老闆手中一枚可有可無的棋子，而且這也將為你在職場上贏得更為有利的發展空間。

在一次銷售會議上，IBM 創始人老湯瑪斯．華生先介紹了公司當前的銷售情況，分析了公司目前面臨的種種困難，然後讓大家思考發展對策。這個氣氛沉悶的會議一直持續到黃昏，只有湯瑪斯．華生自己在說，其他人則顯得心不在焉。

面對這種情況，老華生沉默了十秒鐘，突然在黑板上寫了一個大大的「think（思考）」，然後對大家說：「我希望大家把自己當成公司的主人，想像自己如果是老闆該怎麼思考問題。別忘了，大家都是靠工作賺得薪水的，我們必須把公司的問題當成自己的問題來思考。」然後，他要求在場的員工動腦筋，每人提出一個建議。

結果，這次會議取得了很大的成功。大家提了很多建議，並找到了解決問題的辦法。從此，「像老闆一樣去思考」便成了 IBM 公司員工的座右銘。

像老闆一樣去思考問題，就是站在老闆的立場看問題。這樣你才能以一個主人翁的姿態想老闆之所想，急公司之所急，而這種員工正是老闆最喜歡的。假如你真的能做到站在老闆的立場思考問題，老闆一定會對你青睞有加。不懂得換位思考的人很可能會因為背離老闆的意圖而不被老闆賞識、看好。

陳林德是公司銷售成績最好的員工。一次，他向老闆說自己如何賣力的工作，如何勸說一位服裝製造商訂貨。本以為老闆會表揚自己，可沒想到老闆只是淡淡笑了一下。

陳林德不理解，於是鼓起勇氣問：「我們的業務是銷售仿製品，不是嗎？難道您不喜歡我的客戶？」

「小陳，你是公司能力最強的員工，不應該把全部精力放在一個小小的製造商身上，而應該充分利用自己的才能，把精力投入在那些大客戶身上。」老闆嚴肅的說。

此後，陳林德學會了像老闆一樣思考，把自己放在老闆的位置上，思考怎樣才能把公司做大做強。當他手中有一些較小的客戶時，就把他們交給一位經紀人，只收取少量的佣金，而把主要精力投放到尋找大客戶的目標上，結果為公司創造了更高的利潤。與此同時，他也更受老闆的賞識了。

像老闆一樣思考，激勵自己追逐老闆的目標，並處處為老闆著想，才能很好的解決在工作中遇到的問題。像老闆一樣思考究竟該從何下手呢？

你要問自己：如果我處在老闆的位置，需要做什麼？需要怎麼做？目前老闆所面臨的問題是什麼？事情會如何發展？可能會出現什麼問題？該如何預防或解決？這件事如果換自己做，會怎麼做？最後，請比較你的想法和老闆的做法。經常這樣訓練，你就會慢慢發現自己對公司的整個運行有較深刻的理解，自己的想法也會更加接近上司。

心理學小祕訣

要想處理好與老闆的關係，並得到老闆的重用，唯有時刻站在老闆的立場看問題，像老闆一樣思考。因為只有這樣你才能與老闆永遠站在一起，你的想法才能與老闆的想法不謀而合，你才能在公司裡有光明的前景。

用老闆的心態對待公司

絕大多數人都必須在一個社會機構中奠定自己的事業生涯。只要你還是某一機構中的一員，就應當拋開任何理由，投入自己的忠誠和責任。

有人曾說過，一個人應該永遠同時從事兩件工作：一件是目前所從事的工作，另一件則是真正想做的工作。如果你能將該做的工作做得和想做的工作一樣認真，那麼你一定會成功，因為你在為未來做準備，你正在學習一些足以超越目前職位，甚至成為老闆或老闆的老闆的技巧。當時機成熟，你已準備就緒了。

當你精熟了某一項工作，別陶醉於一時的成就，趕快想一想未來，想一想現在所做的事有沒有改進的餘地？這些都能使你在未來取得更長足的進步。儘管有些問題屬於老闆考慮的範疇，但是如果你考慮了，說明你正朝老闆的位置邁進。

如果你是老闆，你對自己今天所做的工作完全滿意嗎？別人對你的看法也許並不重要，真正重要的是你對自己的看法。回顧一天的工作，捫心自問一下：「我是否付出了全部精力和智慧？」

如果你是老闆，一定會希望員工能和自己一樣，將公司當成自己的事業，更加努力，更加勤奮，更加積極主動。因此，當你的老闆向你提出這樣的要求時，請不要拒絕他。

以老闆的心態對待公司，你就會成為一個值得信賴的人，一個老闆樂於雇用的人，一個可能成為老闆得力助手的人。更重要的是，你能心安理得的沉穩入眠，因為你清楚自己已全力以赴，已完成了自己所設定的目標。

一個將企業視為己有並盡職盡責完成工作的人，終將會擁有自己的事業。許多管理制度健全的公司，正在創造機會使員工成為公司的股東。因為人們發現，當員工成為企業所有者時，他們表現得更加忠誠，更具創造力，也會更加努力工作。有一條永遠不變的真理：當你像老闆一樣思考時，你就成為了一名老闆。

以老闆的心態對待公司，為公司節省花費，公司也會按比例給你報酬。獎勵可能不是今天、下星期甚至明年就會兌現，但它一定會來，只不過表現的方式不同而已。當你養成習慣，將公司的資產視為自己的資產一樣愛護，你的老闆和同事都會看在眼裡。美國自由企業體制是建立在這樣一種前提之下，即每一個人的收穫與勞動是成正比的。

然而在今天這種狂熱而高度競爭的經濟環境下，你可能感慨自己的付出與受到的肯定和獲得的報酬並不成比例。下一次，當你感到工作過度卻得不到理想薪資、未能獲得上司賞識時，記得提醒自己：你是在自己的公司裡為自己做事，你的產品就是你自己。

假設你是老闆，試想一想自己是那種你喜歡雇用的員工嗎？當你正考慮一項困難的決策，或者你正思考著如何避免一份討厭的差事時反問自己：如果這是我自己的公司，我會如何處理？當你所採取的行動與你身為員工時所做的完全相同的話，你已經具備處理更重要事物的能力了，那麼你很快就會成為老闆。

心理學小祕訣

一榮俱榮，一損俱損！員工應該將全身心融入公司，盡職盡責，處處為公司著想，欽佩投資人承擔風險的勇氣，理解管理者的壓力，那麼，任何一個老闆都會視你為公司的支柱。

做「護駕」上司的下屬

作為下屬，能夠隨時給上司拾起面子，維護上司的尊嚴和權威，是最能贏得上司的信任和青睞的。員工要善於給上司搭台階，及時保住上司的顏面，必要的時候自己把責任攬下來。這樣做會給上司留下極好的印象，也會給你的職業生涯帶來轉機。但是，「救駕」的方式要自然，不要表現得太明顯，只有你和上司兩人明白是最好的。

某公司新招了一批職員，在一次會議上，老闆在點名的時候把「王梓曄」念成了「王梓華」，全場一片寂靜，沒人應答。老闆又念了一遍，然後一個員工慢慢站了起來，怯生生的說：「老闆，那個字念『葉』的音，不念『滑』的音。」

老闆的臉色有些不自然。這時，一個反應靈敏的小夥子站了起來說道：「報告經理，是我把字打錯了。」

「太粗心了，下次注意。」老闆揮了揮手，接著念了下去。一週之後，這位及時給上司「救駕」的小夥子被提升為公關部經理。給上司「救駕」，其實是對上司的尊重，也是考驗自己應變能力的一種方法。上司會因你的快速反應而受惠，在上司的尊嚴得到維護之後，你的好運也會緊隨而至。奉勸那些想在上司手下過得舒心、嘗到甜頭的員工，首要之事，就是在關鍵時刻為你的上司充當「護駕」的角色。

事實上，每個上司都喜歡有一個能為自己及時「救駕」的下屬。如果你能夠與上司做好關係，就要學會在適當的時候為上司填補一些工作上的漏洞，維護上司的尊嚴，這對自己的前程當然大有好處，反之，則會阻礙自己的前程。

一家保健品廠研究所的辦公室主任趙亮，就是因為不懂為上司「救駕」而毀了前程的。幾年前，趙亮從國立大學畢業分到這家保健品廠，由於做事俐落，很快就從一名普通研究人員晉升為研究所辦公室主任。但是他卻在關鍵時刻做了一件傻事。

有一次，研究所經過認真研究、論證，提出了一套改革方案，由於在設計當中出了問題，致使整套方案全部泡湯。上司追究責任，趙亮說：「這套工藝流程是在所長主導下完成的，其他人只是執行者。」

第二天，所長把趙亮叫到他的辦公室，冷冷的說：「趙主任，你真會說話，有了責任往上司身上推……」沒過多久，趙亮被免去了辦公室主任的頭銜，調到其他辦事處去了。

每個上司都喜歡給自己「護航」的人，如果你在關鍵時刻給上司落井下石，那麼你以後的日子肯定不好過。在上司的眼裡，如果自己的下屬在公開場合讓自己下不了台、丟臉，那麼這個下屬肯定是對自己抱有成見。上司的面子受損，會使他感到自己的權威受到威脅和損害。上司要麼給予以牙還牙的還擊，透過行使權威來找回面子；要麼便懷恨在心，以秋後算帳的方式慢慢報復。

心理學小祕訣

心理學家指出：「人們都喜歡喜歡自己的人，人們都不喜歡不喜歡自己的人。」在評功論賞時，上司往往喜歡衝在前面；而有了過失之後，許多上司都會想辦法來逃避。這種情況下，如果下屬能及時挺身而出為上司保駕，敢於代上司受過，相信上司會對你刮目相看。代上司受過除了那些原則性錯誤外，實際上無可厚非。這樣做，從整體來講有利於維護上司的權威和尊嚴，把大事化小、小事化了，有利於正常工作的開展。同樣，你也會因為替上司排憂解難而贏得上司的信任和感激，你的職業生涯也會變得更加順暢。

不要在上司面前爭功

這裡有一個關於螃蟹的實例：人們在竹簍中放入一群螃蟹的時候，不必蓋上蓋子，螃蟹是爬不出來的。因為當有兩隻或兩隻以上的螃蟹時，每一隻都爭先恐後的朝出口處爬。但簍口很窄，當一隻螃蟹爬到簍口時，其餘的螃蟹就會用威猛的大鉗子抓住牠，最終把牠拖到下層，由另一隻強大的螃蟹踩著牠向上爬。如此循環往復，無一隻螃蟹能夠成功爬出簍口。這就是所謂的「螃蟹效應」。

螃蟹效應反映的是一種灰色心理，但無可否認的是，這種灰色心理活生生的存在於生活中。在公司內部，由於有人目光短淺，只關注個人利益，而忽視團隊利益，只顧眼前利益，而忽視持久利益，相互內鬥，進而整個團隊便會逐漸喪失前進的動力。

這樣的情況還出現在上司和員工之間，那就是出現了唱反調的員工，或者是和上司搶功的員工，就很容易被上司誤會而遭受提防和打壓。

不必強烈的譴責這樣的現象，因為將心比心，如果自己是上司，為了鞏固自己的地位，誰也不能保證自己不會留意別人的「利爪」。

還有這樣的一個例子，傳說秦國大將蒙恬出戰時，總是向秦王索要封賞。他手下人就很奇怪的問：「蒙將軍您並不喜歡這些封賞的東西，為什麼每次大戰得勝都要向秦王索要？」蒙恬笑而不語。後來蒙恬向一位資深幕僚表達了自己的心聲：「我每次出戰帶走四分之三的軍隊，如果我不喜歡名與利，秦王會認為我喜歡江山。」

其實，這就是職場規則的核心：讓別人有安全感。同樣要說的是，如果利用好了上司的這種心理，不爭功，懂得韜光養晦，贏得了上司的信任，那麼也會出現這樣的一個現象，那就是上司永遠選擇自己信任的員工擔當重任，哪怕這個員工有失誤，他也心甘情願幫他扛著。

有一家公司準備上市，但缺乏國際化人才。董事會決定打破常規，從外商引入一名具有國際背景的人才，從外資企業被挖角過來的高級經理人趙亮成為公司的市場總監。

王軍長期在外商工作，說話做事都非常直接，剛到公司的時候，就對公司提出了很多的意見，這引起了很多人的反感。但是王軍不以為意，他認為公司聘用他，只要自己將公司的市場業績提高，一切都應該為此服務。

當大夥正為王軍的作風而議論紛紛的時候，總經理屢次公開表態支持，讓王軍感覺到內心踏實。接下來，王軍進行了許多市場革新，基本將他在外商中所操作的那套成熟的營運模式搬了過來。王軍的很多方案甚至沒有得到總經理的批示，就直接施行，但是總經理並沒有怪過王軍。

有一次，在總經理擬定整個推廣計畫之後，王軍突然提出新的建議，想啟動全新的銷售推廣手法。他的想法幾乎否定了所有人前面的工作，而且由於從未有過先例，所以存在不小的風險。

總經理雖然不太同意在如此匆忙的時間內進行全盤調整，但看到王軍如此堅持，也就勉強同意了。後來，令人遺憾的是，王軍的方案失敗了，公司損失慘重，業績相對以往非但沒有提高，還有所下降。

董事會將總經理狠狠批評了一番，出乎所有人意料的是，在董事會嚴厲的責問面前，總經理竟然將所有失誤的職責承擔了下來，替王軍扛過了這一關。這讓王軍非常慚愧，後來，王軍做了具體的市場調查，終於在下一次的市場表現中，令公司取得了重大的成績。

董事會再次召開了會議，總結經驗。會議結束後，在盛大的慶賀晚宴上，王軍喝了很多酒，酒喝多了，說話就變得非常隨意。他當著很多人的面說：「這次的成果其實也不算什麼，我以前做的開發比這次有成果的多得多了，只不過在公司，很多時候工作受到限制，還沒有完全發揮。如果給我一個更大的平台，那我會做更好的推廣方案給你們看……」

聽到這句話後，總經理意味深長的歎了口氣。一個星期後，當王軍再次自作主張的行事時，當著公司所有人的面，總經理不留情面的將王軍訓了一番。並且，自此以後，王軍的方案再也沒有被總經理批准過。一個月後，王軍終於離開了公司。

很多人都厭倦上司的提防之心，但是作為一種客觀存在的現象，每一個職場人可以厭惡、蔑視，但是卻無法迴避。包括對於同事，都不要過度的表現出自己的優越感，因為這樣無形中會給別人壓力。

心理學小祕訣

一個人的能力即使自己不說，業績出來，所有人都會看到，上司對於卓越的員工有著很強的駕馭之心。對於個人而言，無論能力多強，無論內心是否有爭功之心，在沒有十足的把握之前，都必須調整自己的言行，尤其是做出成績的時候，幾乎所有的老闆都討厭看見一個喋喋不休的，像一隻剛下完蛋的母雞那樣誇耀的員工。

對上司要忠誠而不盲從

忠誠是一種美德，每個上司都希望員工對自己忠誠。員工若想得到上司的賞識，進而贏得晉升的機會，最起碼要做到忠誠。但忠誠必須適度，過度忠誠就是盲從。那將意味著你很被動的圍著上司轉，很可能因此被人抓住把柄，影響事業的發展。

對上司忠誠就是跟上司一條心，盡心盡力的完成工作，具體說來，表現在以下三個方面。

（1）執行任務不找藉口。

對該做的工作，你要竭盡全力按時完成，而不是對有難度的任務找藉口進行推諉：「這項工作我從來沒有做過，所以可能會完成得不太理想。」「我正在忙，沒辦法做你那件事。」你應該一聲不響的接受任務，全力以赴的去完成，即使有困難，也要想辦法克服，只有這樣，你的工作能力才會不斷提高。

（2）別侵害公司的利益。

對上司忠誠，你就應該把公司的利益看得重於一切，做事情著眼於公司的利益；不要浪費或偷拿公司財物，即便是一張紙、一枝筆，更不能外泄公司的祕密。有一個業務在金錢的誘惑下把公司的開發計畫告訴了競爭對手，讓對方搶在自己公司的前推出新產品，導致公司蒙受重大損失。事情敗露後，他自然得到了應有的懲罰。

（3）與公司同甘共苦。

無論是公司處在上升期還是公司處於困難期，作為員工的你都應做到與公司同甘苦，共患難，特別是在公司面對困難的時候，更應該積極幫上司出謀劃策，與公司共渡難關。這樣，你才會得到上司的賞識。當公司走出困境，一旦出現加薪或晉升的機會，上司會首先想到你。

忠誠於公司、上司固然精神可嘉。但是如果你對上司過度忠誠，甚至整天圍著上司轉，明知上司是錯的還一味迎合，很可能讓上司覺得你圖謀不軌，同時你也會被其他員工抓住把柄，說你壞話，這無疑不利於你能力的提高和事業的發展。所以，對上司忠誠沒錯，但不要盲從。盲從上司的下場是可悲的，或許上司把你出賣了，你還不知道，直至最後背黑鍋，才後悔莫及。

二〇〇三年「SARS」期間，為了打擊報復自己的競爭對手，一個公司的上司找來對自己忠心耿耿的下屬，並讓下屬給防治「SARS」中心打電話，謊稱競爭對手公司出現了多名「SARS」疑似患者。下屬按上司的意思執行，搞得對手公司人心惶惶。之後警方查出了那個下屬，在警方訊問人員的強大壓力下，那名下屬說出了幕後的主使。上司卻說沒有此事，還說要是知道下屬要做這種蠢事，一定會嚴厲制止。因為拿不出證據，下屬只好背黑鍋。

在職場上，盲從會讓上司抓住把柄，留下推卸責任的藉口，也把自己苦心經營的一切毀掉了。千萬不要盲從上司，去執行一件本不該做的任務。當上司向你下達任務時，你應該分清正誤，辨別是非。哪些該做，哪些不果該做，你應該有鮮明的態度，這樣才能避免犯錯、影響前途。

心理學小祕訣

不管上司嚴格還是平易近人，不管上司給你交代什麼任務，你都要做到冷靜面對、沉著思考，想清楚了再給上司答覆。而不應該受上司的影響，草率的接受任務並執行。上司給你下達的指令並不是永遠都對的，所以，你需要權衡一下指令的正確性，以及因執行這個指令給自己和公司帶來的利弊。如果指令是正確合法的，那你就應該毫不猶豫的去執行，如果你發現這項指令弊大於利，且對自己有隱患，你就應該想辦法拒絕執行。

要及時向上司彙報

回饋原來是物理學中的一個概念，是指「把放大器的輸出電路中的一部分能量送回輸入電路中，以增強或減弱輸入訊號的效應」。心理學家借用這一概念，做了這樣的一個實驗，他們把一個班的學生分為三組，對每天學習進行測驗。

對於測驗結果，他們每天都告訴第一組學生，對第二組學生只是每週告訴他們一次，而對第三組，則一次也不告訴。如此進行了八週教學。然後改變做法，第一組與第三組對調，第二組不變，也同樣進行了八週教學。

成績出來了，除第二組穩步的前進，繼續有常態的進度外，第一組與第三組的情況大為轉變，即第一組的學業成績逐步下降，而第三組的成績則突然上升。這說明及時知道成果對發展有非常重要的促進作用。

在職場中也同樣如此，定期主動彙報工作進度，讓上級知道你的工作狀態是讓上級放心的重要一條原則。

定期主動彙報工作進度，會增加上級對你的信任感和支援力，沒有一個上級會把工作交給他不放心的下屬。有時候，一項決策在執行過程中，會因為局勢發生變化而不得不進行必要的調整。上司一般都會及時把調整後的方案通知執行的員工。

但是要知道，上司也有疏忽的時候，如果員工能做到經常向上司彙報工作進度，員工就會及時得到消息，反之，不彙報工作，上司也忘記了通知，員工得到消息的時間就會被延遲，而在這段時間裡，這名員工所做的工作不但白費，甚至會給公司造成損失，如果給公司造成重大損失，有關負責人追究頂頭上司的責任。上司就會把責任全推到你的沉默上。要是在執行過程中，經常向上司彙報工作進度，上司就沒了推卸責任的藉口，負責人也就不會因此而對這名員工進行處罰了。

張海濤剛剛升遷做了一個小部門的主管，他第一次當小上司，非常感激大上司的提拔，於是就想好好管理，給公司做出回報。

其實，張海濤的部門只有他和兩個同事。在張海濤的努力下，這個小部門不斷爭取到新的業務，在張海濤當主管的半年後，業務量是原來的三倍。業務增多固然讓大上司高興，但也讓張海濤和同事們累得喘不過氣來。張海濤還是選擇了沉默。他愁眉苦臉的撐了三個月後，終於忍不住私下抱怨大上司，他怎麼沒看到我們這麼辛苦，還把新的業務一直交過來，甚至有的時候，非但沒有得到表揚，還挑剔我們做得不完美。有一天，大上司找張海濤談話，問到了近期公司產品的銷售量。張海濤一直有這樣的一個思路，那就是和自己的同事從小客戶入手。

因為對大客戶的競爭太激烈，他選擇了一些小客戶進行公關，想先占領小客戶，再慢慢向大客戶滲透。

可是，大上司非但沒有表揚張海濤和同事們所作的努力，卻這樣問到：「你還記得公司的銷售目標嗎？」

張海濤說：「一年後，我公司產品的市場占有率要達到百分之十二。」說到這裡，上司的臉色非常不好看，說：「那就請你把精力放在開發大客戶身上！」

張海濤爆發了，他說：「本來我們就人手不夠，如果要談大客戶，我們還需要更多的人，我都快撐不住了！」沒想到上司又開始責怪他：「你為什麼不早告訴我呢？我一直等著你來跟我多要幾個人，沒想到你竟然什麼都沒說，所以我以為你這個部門可以勝任更多工作量，是你自己的沉默製造了自己和你那個部門同事的負擔！」

在工作中，我們因為對上司的意圖理解得不全面而使工作發生偏差，導致勞而無功。有的時候，自己一肚子的委屈，還聽到上司這樣說：「如果不是因為一直以來，你什麼都不說，我不知道你的想法，今天，你就不會犯這樣的錯誤！」

這句話曾經讓很多職場人煩悶過，很多人的確存在和上司的溝通障礙，遇到困難的時候怕開這個口會讓上司覺得自己能力不足。事實真相是，如果你善於卸責，那就不太可能被主管信任；但如果你不懂得為自己爭取應得的，你也還是咎由自取，也不配擔大任。

其實，在工作中保持良好的彙報是非常有意義的，具體可以這樣做：直接給上司結果。上司都很忙，沒有時間聽你的長篇大論。如果你的彙報過於冗長，很可能會引起上司的反感，這樣就會得不償失。所以你要先說結果，而不是去描述過程。比如：「上司，我現在已經安排好工作事宜，等候您的通知，我隨時就可以出差！」

還要注意，打破沉默，向上司彙報的時間要及時。彙報也具有時效性，及時的彙報才能發揮出最大的效力。當你完成了一項棘手的任務，或者解決了一個疑難問題的關鍵，這時馬上找上司彙報效果最好，拖延時日再向上司彙報，上司可能已經失去對這件事情的興趣。還應做好週計畫和週總結，並及時提交，讓自己成為一個讓上級放心的下屬。

心理學小祕訣

及時向上司彙報，會使你與上司建立良好的互信關係，上司會自動對你的工作進行指導，幫助你盡善盡美的完成工作。

引導上司認同你的觀點

拒絕別人本不是一件容易的事情，拒絕上司則更是要擔風險的。但溫特．桑德曾經說過：「不會拒絕的人，就會被成功拒絕。」也就是說，作為一個員工，在某些情況下必須勇敢的向上司說不」。說「不」是需要講技巧的，如果拒絕得太過直截了當，則會達不到效果。最好的方式是以迂為直，先設問，用問話一步一步的引導上司認同你的觀點。

龔萬帥二十歲出頭，在一家廣告公司負責廣告創意的工作。一天，他將一個多次修改後的新產品廣告文案提交給經理。經理拿著文案草草的過目了一遍，語氣隨意的說：「你這個創意沒有新意，而且表現手法太過直白，我認為把它做得含蓄一點就可以了，你再重新修改修改吧。」

龔萬帥知道經理並沒有認真看自己的文案，也並不理解自己的用意，但直接反駁經理又不合適，於是他問：「經理，我想請教一下一個新產品剛剛上市時廣告的目的是什麼。」經理回答說：

「讓消費者了解新產品。」龔萬帥窮追不捨：「那麼，怎麼才能讓消費者透過廣告了解到新產品更多的資訊呢？」經理一時不知怎樣回答才好。

龔萬帥知道機會來了，連忙說：「經理，我們的新產品目前在市面上還沒出現過，對於一無所知的消費者，我覺得如果用含蓄的表現手法會讓他們了解得不夠全面，甚至是看不明白。我認為這個產品用直接的廣告表現手法最好，因為這樣能讓消費者迅速了解到新產品的特性，印象也更為深刻。不用擔心廣告不夠吸引人，因為我們這個產品本身就是個很好的賣點。」

見經理認真的聽著，龔萬帥接著說道：「當然，這僅是我個人不成熟的觀點，說得不對的地方還請經理指正，而如果您認為用藝術性的表現手法好的話我會拿回去再做一遍。」

經理見龔萬帥如此尊重自己，而且小夥子的想法的確有可取之處，於是顯得非常高興，當即對龔萬帥大加讚賞。從此以後，經理對這位初出茅廬的小夥子另眼相看了，準備栽培他。兩年後，龔萬帥在經理的提拔下成了部門負責人。另一種情況就是，當上司叫你做一件事的時候，你往往不會去拒絕而是馬上答應去做。即使這件事不屬於你的職責範圍，或超出了你的負荷。這種做法其實也是欠妥當的。不顧自己能力和現實承接下來的任務，有時會成為你自找的枷鎖和危險。如果你只是為了一時逞能，即使明知沒有把握做到的事也接下來，一旦失敗，上司往往也不會考慮到你當初的熱忱，而只會以失敗的結果對你進行評價。到時，不僅你為完成這件事情所做出的種種努力會付之東流，上司也會把失敗的原因歸結到你頭上，更會產生你對工作不負責任、只知道逞能的印象。那樣的話，你可真是自討苦吃。早知如此，何必當初？

量力而為是我們應當遵循的原則。自己感到難以完成的事，只因上司的委託而接下來，就顯得過於軟弱了。縱使是平時對自己不錯的上司委託的事，如果自覺做不到，你也應很明確的向他說明情況，取得上司的諒解。一旦你礙於面子承接下來，卻無法做好，反而會打亂上司的計畫，影響整個公司的運作。

應該找一種既能讓自己脫身又可避免上司尷尬的方法去拒絕。當上司把大量工作交給你，使你不勝負荷時，你可以主動請求上司幫你定出先後次序。當然，你的真實用意只是在向上司表明你的難處。例如：「我現在有六個大型計畫，八個小項目，我應該最先處理哪個呢？」明理的上司自然會懂得你的言外之意，也能體會你的認真謹慎，自然會把你的工作分派給其他人來做，給你減輕負擔。

心理學小祕訣

上司的要求不是不可以拒絕，而是要有技巧的拒絕。在保證上司尊嚴和權威的前提下，以一種合理的、有效的方式委婉的拒絕，是可以得到上司的理解的。

上司期待每一位員工有創意

任何一個上司都期待員工能有自己獨到的見解，能對公司決策的不足之處提出建設性意見和建議。在這方面，心理學上有一種效應叫做「毛毛蟲效應」，就很說明這個問題。

「毛毛蟲效應」是法國心理學家約翰．法伯透過實驗得到的。約翰．法伯把許多毛毛蟲放在一個花盆的邊緣上，圍成一圈，然後又在花盆周圍不遠的地方，撒了一些毛毛蟲喜歡吃的松葉。他發現，毛毛蟲開始一個跟著一個，繞著花盆的邊緣一圈一圈的爬行。一小時過去了，一天過去了，又一天過去了，這些毛毛蟲還是夜以繼日的繞著花盆的邊緣在轉圈，牠們就是沒有辦法擺脫這個循環，擺脫自己的隊形，找到松葉。就這樣，毛毛蟲愚蠢的跟著自己的隊形前進，最終居然就餓死在離自己很近距離的松葉旁邊。

這聽起來令人覺得可悲。其實，約翰．法伯在做這個實驗之前，他也曾經設想，毛毛蟲一定會很快厭倦這種毫無意義的繞圈圈，馬上就會奔向花盆旁邊的松葉，但是，沒有一個毛毛蟲從隊伍中脫離出來，牠們習慣了跟著隊形前進。

還有一個關於旅鼠集體自殺的故事，講的也是「毛毛蟲效應」。傳說有這樣的一種動物叫旅鼠，這種動物是巴菲特等投資大師尋開心最多的動物。牠們最特別的是進行會自殺式的季節性遷徙，一大群的旅鼠排著隊，盲從的向海邊走去而淹沒在海水中。前面的旅鼠已經葬身大海，但是後面的還不會停下來，牠們會一直向前。

關於這個現象，大師巴菲特還有句妙語：「當慣性發揮作用的時候，理性通常會萎縮。」旅鼠自殺在本質上和「毛毛蟲效應」如出一轍。這個悲劇就在於，只要有一隻毛毛蟲脫離出來，打破常規，就不會有集體毀滅的悲劇。

這個心理學效應在職場中給人們的啟發是巨大的。沒有一個人敢說，自己身在職場不揣摩上司的想法，但是大部分的人都不得其法，認為老闆最喜歡的員工就是一味的服從、討好上司。事實並不是這樣的。上司更加了解「毛毛蟲效應」的可怕性，他們更了解在從眾這方面，人比毛毛蟲和旅鼠都好不到哪裡去。

上司們身處高層，每一個決策都關係到企業的生死存亡和切身利益，沒有人認定上司只喜歡應聲蟲，而不希望自己的員工能靠著冷靜的頭腦成為自己的左膀右臂。這是一個很有意思的現象。

當然，這和服從的理論並不違背，重要的是，前方真的有「松葉」！方小華是公司裡最不起眼的人物，一個偶然的機會，他陪同公司的上司張先生一起去外地談一個大項目。大家都認為方小華是個陪襯品，因為和政府部門談的大專案，所有溝通的進程和節奏都是由張先生掌握的。但是沒想到談判遇到了瓶頸。張先生的產品雖然占有很大的優勢，但是因為有另一家公司也正在進行同樣產品的開發，於是本來應該很順利談下來的專案，突然遇到了阻力，張先生事先也沒料到會出現這樣的情況。

於是，他馬上召集隨行的人員，開了一個小會，討論應該怎麼辦。大家的意見都是採取降價的措施，這樣可以保證專案順利進行下去。

大家商議完，張先生例行公事的問了一句：「大家還有別的意見嗎？沒有異議，我現在就過去談降價這個事情。」

沒想到方小華當即站了出來，說：「張總，我認為這個項目，我們不要輕易降價，因為如果我們調價，損失的將是幾千萬的利潤。」

就在大家非常吃驚的時候，張先生馬上說：「說出你的理由。」方小華說：「現在還沒有具體的資料和形式分析報告，因為您說現在就要去談降價，所以我簡單說下我的想法。在我看來，我們做這個項目，是為了實現公司的利潤，所以我們不能輕易降價，而對於談判對手來說，他看重的不是盈利，而是政績。」

這番話說完，張先生也立即冷靜了，他也分析了客觀的原因。的確，在其他公司還沒有開發出產品的時候，根本不存在競爭對手，而只是「假想敵」。因為方小華及時的否定和提醒，他冷靜下來思考。後來，事情的發展果然如方小華說的那樣，公司在沒有分文降價的情況下，順利簽單。也因為他這次的勇氣，使他獲得了張先生的無限信任和器重，事業也有了突飛猛進的發展。心理學專家想辦法：當一個人和大多數人一樣去討好自己上司的時候，那麼，他就必然喪失了上司對自己的好印象和信任。因為上司看的討好太多了，他會把這個人也當成溜鬚拍馬，沒有真才實學的小人。

心理學小祕訣

沒有哪一個掌握著公司發展的上司，是靠著員工的恭維生活的，他們最需要的就是在自己舉棋不定的時候，或者在自己做出錯誤判斷的時候，有人能站出來，給出中肯的參考和意見。當然，如果你有好的創意和想法，要對上司說「不」，也要注意自己的態度，而且最好用資料和客觀的實例，幫助上司做好正確的分析。

如何面對挑剔的上司

在職場上，我們總是會遇到那些做事苛刻、十分挑剔的上司，經常是我們付出了努力，卻還遭到上司的一頓訓斥，那真是讓人難以忍受的事情。

比如：當你展示出自己的勞動成果，上司卻不滿的對你發火，認為這也是瑕疵那也是漏洞。如果你只是埋頭苦幹，你的上司哪裡會知道你遇到了很多困難，又哪裡會知道你想盡了辦法去克服呢？面對挑剔的上司，你不應該做沉默的羔羊，而應該大膽說出其中的困難。

《杜拉拉升職記》中的主人公杜拉拉就遇到了這樣的問題：開始的時候她就本著盡量不給上司找麻煩的原則，很多困難都自己想辦法協調解決，但是這樣做的結果並沒有讓她那挑剔的上司滿意。杜拉拉的上司開始輕視她，因為上司根本就不了解工作的難度。於是，杜拉拉決定要改變工作策略，不再自己埋頭苦幹，而是開始有意識的讓上司知道她的工作難度。

首先，遇到問題的時候，杜拉拉雖然還是自己想辦法解決，但是她不會默不作聲，而是會帶著自己的解決方案去找上司溝通。在與上司溝通的過程中，她會和老闆討論任務中一個較大的困難，她要讓老闆了解困難的背景。等老闆聽得頭痛的時候，她再說自己有兩個方案，分析優劣給他聽，他就很容易在兩個中挑一個出來了。由此，上司不僅認識到了她工作中遇到的困難，而且還對她的能力也有了新的認識。

其次，杜拉拉會及時向上司彙報自己的工作進度，就算過程順利，也會讓他知道進程如何，從來不等上司來問結果。這樣，上司就會覺得把工作交給杜拉拉非常放心，她的執行力絕對沒有問題。

此外，杜拉拉在需要和別的部門的負責人一起工作的時候，會特別注意用清晰簡潔的語言去和他們主動溝通，盡量考慮周到。寫 E-mail 或者說話都非常小心，盡量避免出現有歧義的內容，基本上沒有出現讓總監們抱怨她的情況。這樣一來，上司就覺得她很可靠，不會給他找麻煩。

即便最後杜拉拉的任務完成得不夠完美，但因為上司事先已經知道了任務的難度，了解了杜拉拉在工作中所付出的努力，所以也不會再挑剔不足和橫加批評了。

對於挑剔的人，聰明的做法不是把事情做到盡善盡美，因為哪怕是你做得再出色，他們還是會找出不足，而應該讓對方知道你所承受的壓力和這件事情有多大的難度，這樣他們就會諒解你的難處，便不會再百般刁難。

在職場上，人們總是習慣的認為只要自己努力，上司就能看到，就能讓他們滿意。但他們並沒有那麼多精力去關注每一個人的工作，他們只關心結果，所以一旦你的結果不如他意，你付出得再多，也免不了受氣的結局。

所以，一定要告訴上司你遇到的困難和你解決困難所付出的辛苦，讓他知道你有一個好腦袋和快刀斬亂麻的能力，不是只會吃飯。如果不這樣做，只會讓你和上司的隔閡越來越深，最後還免不了被責問。主動溝通，積極展示困難，才會讓他們那些挑剔的習慣無法在你身上發揮作用。

心理學小祕訣

主動溝通，積極展示困難，才會讓上司那些挑剔的習慣無法在你身上發揮作用。

不要挑戰上司的權威

上司的權威是不可侵犯的，它是一個「雷區」。冒犯了他的權威就是對他尊嚴的挑戰，這是一個很危險的行為，無異於給自己埋下了定時炸彈。所以，永遠不要挑戰上司的權威。

防止誤入挑戰主管權威的「雷區」，就要做到以下幾點：

（1）切忌站在上司的位置指手畫腳。

且不說這指手畫腳是不是對上司有好處，但它的確侵犯到了上司的尊嚴，你的好意會被他誤解為你無視他的權威，甚至瞧不起他。這在兩個普通人之間尚不能忍受，更何況是上司？在企業裡，有些員工忽視了上司與員工之間的界限，站在上司的位置上指手劃腳，雖然感覺不錯，卻引起了上司的不滿，甚至會因此葬送了自己在公司的前途。

（2）千萬不要擅自替上司拿主意。

有些時候，員工是無意識的站在上司的位置上，所做的也只不過是上司肯定同意的事情，所以當時並沒有意識到有什麼錯。甚至以為，既然上司也會這麼做，我替上司做了，又有什麼不可？可是，他沒有想到，上司在意的不是你做事的結果，而是你替代了他的位置。你把原本屬於他的人情拿去賣了，他自然會不高興。雖然你做的決定只涉及一些小事，但擅自替上司做主，就成了大事。你無視上司的權威，剝奪了上司決策的權力，這是上司最忌諱的，他以後很可能會找機會殺你的「威風」。

文茹是一家時裝雜誌社的編輯。一天，她接到一個電話，是剛出版那期雜誌的封面模特兒要找主編，但當時主編正巧不在，文茹告知模特兒有什麼事她可向主編轉達。模特兒說，主編送給她的五本雜誌都被別人拿走了，她想再找主編要五本。文茹立即說：「可以，你過來拿吧。」

這種事經常在編輯部裡發生，雖然超出了規定，但是為了密切和模特兒的關係，主編一般都會滿足模特兒的要求，所以文茹很爽快的讓模特兒過來拿。

模特兒拿走雜誌後，文茹並沒有向主編彙報，她認為這件小事沒必要讓主編知道。後來主編還是知道了這件事。不久，主編以工作需要為由，讓文茹去做業務工作，可是她對業務一竅不通，也沒有一點熱情，只好主動辭職。這就是冒犯了上司的權威所釀下的苦果。

你可以說上司太小氣，可事實就是如此。在職場上，人情不占主要比例，重要的是遊戲規則，你違反了規則，就會被它拋棄。

（3）員工與老闆之間的界限不可逾越。

有的員工在老闆創業初期就跟老闆一起經歷風雨，為公司的發展立下了汗馬功勞，也同老闆建立了深厚的友誼，在公司裡就有一定的特殊地位；有的員工長期在老闆身邊工作，深得老闆的信任。這樣的員工容易產生錯覺，以為深受重用就消除了與老闆之間的界限，有時候便會不自覺的站在老闆的位置，替老闆做起主來。雖然你的出發點是好的，是為了維護公司的利益，但即使你做對了，老闆心裡也不會舒服，更難以接受這樣的事情，因為作決定的應該是他，而你只是他的一個執行者而已，這在他看來是一個原則性的問題。

鄭嚴冬在公司做祕書已經六年，兢兢業業，深得老闆的賞識。這天，老闆一走進辦公室，就著急的對鄭嚴冬說：「上週我讓你給大勝公司發傳真，和他們中止合作並將人家奚落了一頓。現在看來，我做錯了。你快告訴我電話，我要親自向人家道歉。」

鄭嚴冬得意的說：「那個傳真我沒發。」老闆一愣，鄭嚴冬解釋說：「我認為那個傳真欠妥當，所以我沒發。」老闆又問：「上週我讓你發給歐洲的那幾封信，你發了沒有？」鄭嚴冬自以為是的說：「我都發了。我知道什麼該發，什麼不該發。」老闆一時無語，悶坐了一會，氣衝衝的走出辦公室。不一會，鄭嚴冬就接到了人力資源部的電話，他被解雇了。鄭嚴冬找到老闆問：「難道我做錯了嗎？」老闆語含譏諷的說：「辦公室裡有一個老闆就足夠了！鄭嚴冬無奈，只好離開了公司。

在職場中，無論你與老闆的關係多麼親密，你也不要逾越與老闆之間的界限，該老闆決策的事情，就一定要老闆決定，而你所做的只是給他提建議和執行命令。即使老闆不在身邊，事情又微不足道，你能夠處理，而且知道老闆也會像你一樣處理，也不要輕舉妄動。你所要做的就是及時向老闆請示，得到老闆的授權後再處理，這樣，你在老闆面前的形象才會變得更加正面。

當你發現老闆讓你執行的決策有不合理的地方時，也不要貿然指出來，更不要擅自改變老闆的決定，你應該婉轉的向老闆說明情況，巧妙的向他做出提醒，並告訴他這樣做的後果。如果可以，再加上點自己的合理化建議讓老闆定奪就更好了。如果老闆意識到自己錯了，就會授權你按照你的方案辦；如果老闆不聽，非要你執行，你只管執行就好。等老闆發現自己錯了，他也不會找你麻煩，反而會暗地裡賞識你的態度，以後會授權你做一些重要的事情，而你的價值就會慢慢的展現出來。

心理學小祕訣

上司的權威意識不可冒犯，冒犯上司的權威是職場大忌，下屬應該時刻牢記這一點。在我們執行任務、向上司提意見時不要自以為是，更不可獨斷專行，應該讓上司拿意見，而自己只負責提醒和執行命令。

別進入老闆的黑名單

職場如戰場，處處充滿著「殺機」，一不小心就會吃大虧。人們常說「無奸不商」，在職場上使詐比在戰場上有過之而無不及，行走江湖的人無不歎「江湖險惡」，更能深深體會老闆的「厲害」。比如有些人功勳卓著，對老闆忠誠無二，卻被老闆貶謫甚至辭退，這便是證明。

為什麼老闆會這麼做呢？因為員工一旦鋒芒太露，對其地位和尊嚴將構成威脅，老闆就會把員工當成犧牲品來「殺雞儆猴」。換句話說，老闆為了鞏固自己的利益與地位，搬出「人為財死，鳥為食亡」的座右銘，向你伸出「魔手」加以迫害。當然，這種老闆畢竟不太多，但仍有少數器量狹小的，這是不容否認的事實。

那麼，什麼樣的員工，是最容易被老闆列入「犧牲者」、「替死鬼」的「黑名單」中的呢？人緣太好、功勞太大、工作太出色者最容易被選作犧牲者。

也許有人會奇怪，難道工作表現傑出也會招來殺身之禍嗎？其實這一點也不奇怪。你受同事推崇不正威脅著上司的地位和尊嚴嗎？假如你的主管並非公司的最高階層，你豈不是擋住了他的晉升之路，還把他反襯得黯淡無光？如果他是公司的真正老闆，而你的人緣太好的話，要是你聚眾鬧事或者挖公司的牆腳怎麼辦？老闆自然不會傻到養虎為患。即使你沒有「叛逆之心」，但老闆在商場中廝殺打滾多年，猜疑防人之心難免會有，正如古代那些殘殺功臣的君王一樣：兔死狗烹。

人緣太好、地位太高會遭人妒，那麼人緣太差呢？人緣太差，更容易被列入黑名單，當犧牲者的可能性也越大。對於人緣欠佳或不善溝通的員工，老闆更是不喜歡，試想整天面對一張「苦瓜臉」，把你踢出公司不正是他求之不得的事？如果你的人緣差到惹得同事們不滿甚至憤恨的地步，老闆很有可能把對你的辭退當成激勵士氣的方法，畢竟老闆總是把事業放在第一位的。

印度流傳著這樣一個民間故事：很久以前有一個國王準備襲擊敵對的國家，而國內一個很有聲望的占星家造出謠言：如果軍隊在明天出征，那麼必會慘遭失敗。其造謠的目的，就是為了拖延時間，好讓敵國做好迎戰準備。由於平時大家都十分迷信占星家，所以軍隊的首領們都紛紛勸國王放棄出征，以免白白蒙受損失。

國王聽了占星家的話十分惱火，再加上許多大將都勸他不要出征，更讓他著急。幾經思考，他終於想出了一個辦法。他把占星家和眾將領都召到跟前，然後對占星家說：「大師啊！我的將領都十分相信你的卜卦。那麼你知道自己將來什麼時候壽終正寢呢？」

「我會在三十一年之後死去。」占星家想了一下，很快的回答道。結果就在這天晚上，國王偷偷的派親信把占星家給殺了。隨後，國王召集全體將士說：「占星家曾預言他三十一年之後才會死，但他昨天晚上就死了，所以他的預言是錯誤的。我們不能因為相信他的話而喪失了取勝的大好良機。現在我命令你們做好戰鬥的準備！」

士兵們聽了國王的話後軍心大振。結果軍隊以迅雷不及掩耳的速度直搗敵軍陣營。敵國軍隊由於毫無戒備，一戰即潰，以慘敗告終。

國王本欲出兵征伐，但占星家卻不識相的放出謠言，妨礙了國王的計畫。為達目的，國王只好清除擋路者，來一招釜底抽薪，借占星家的性命來重振軍威。

同樣的事情也可能發生在今日的職場裡，如果你的意見與老闆相左，甚至影響到公司的發展，那麼老闆為了達到自己的目的，使「士氣」高漲，也就不得不拿你開刀，以此「殺一儆百」了。

心理學小祕訣

為老闆工作，行事作風必須如履薄冰，否則，稍不留神便會遭到老闆的「毒手」。而保持一顆高度警惕之心，就能增加保險係數。

怎樣與異性上司相處

刻意去拉近與異性上司的距離，除了會給你帶來一點小小的利益外，更多的是別人的鄙視與嘲笑。許多公司都有自己獨立的辦公室，這個辦公室由主管獨自使用，因此也會帶上幾分個人空間的色彩。所以，女性下屬在與上司接觸時，需要注意保持彼此的距離感。當你要去上司辦公室談工作時，一定要光明正大。這樣，別人就不會有所猜疑了，上司自然也不會生出什麼不好的想法。這裡最忌諱的是偷偷的溜進主管的辦公室。

俗話說：「要想人不知，除非己莫為。」你每次的出入不可能沒人撞見。另外，這種看似「做賊心虛」的做法只會給自己增添麻煩。就女性下屬而言，與上司相處，一定要公開、大方，從長遠看，這是有利於自己發展的。

有一位叫妮娜的女士，一心想討好上司，並且很愛與別人炫耀自己與上司的關係如何如何之好，企圖以此來提高自己在公司中的地位。一次，公司組織全體職員去春遊。一上車，妮娜就捷足先登，坐在了男經理的身邊。一路上，她和男經理說說笑笑，根本不在乎周圍同事的看法。到達目的的後，她更是與男經理形影相隨。於是，春遊之後，大家都不無諷刺的稱妮娜為「經理的小祕」。

這種故意在眾人面前縮短與上司之間距離的做法，實在沒有任何高明之處。如果說她也有所收穫的話，那就是獲得了一個壞的名聲。

與異性相處並不難，做好以下幾點也就等於成功了一大半。

（1）了解你的上司。

對上司的背景、工作習慣、奮鬥目標及他喜歡什麼、討厭什麼等瞭若指掌，當然於你大有好處。如果他愛好體育，那麼在他所在的運動隊剛剛失利後，你去請求他解決重要問題，那就是失策。一個精明強幹的上司欣賞的是能深刻的了解他，並知道他的願望和情緒的下屬。如果你的上司沒有碩士博士文憑，你也許會以為他忌妒你的碩士學位，但事實上，也可能他會為自己有一個碩士當下屬而驕傲。

（2）維護上司的形象。

良好的形象是上司經營管理的核心靈魂。你應常向他介紹新的資訊，使他掌握自己工作領域的動態和現狀。不過，這一切應在開會之前向他彙報，讓他在會上談出來，而不是由你在開會時大聲炫耀。當你上司形象好的時候，你的形象也就好了。

（3）要尊重對方。

女下屬與異性上司相處的過程中，最重要的，就是要學習怎樣去尊重對方。相處時，一定要一是一，二是二，不能說出格的話，不能做出格的事。特別是男性在和女性相處時，一定要大方得體，言談舉止端莊大方。不在女性面前開過分的玩笑、調情等。作為女性在和男性相處時，既要大方得體，又不要失去女性特有的文雅。

（4）保持警戒。

不要誘惑男性，不要做過分的誇張動作，讓少數男性有機可乘。還有就是要多去了解他、關心他，當他有事情令他很苦惱，或他自己無法解決時，你也可以當他最忠實的聽眾，可以迅速拉近彼此間的距離。

（5）善於用肢體語言溝通。跟異性相處，溝通是打開心門的唯一方式。

溝通不僅能利用語言跟他說，有時也可利用非語言的行動，如表情、眼神等，來傳遞訊息。當你想和異性建立友誼時，不妨試著使用微笑、專心傾聽、注視他等方法，這樣也可拉近你們雙方的距離。

（6）保持恰到好處的距離。

「距離產生美」與異性相處，要保持一定的距離，不要過度親密。如果過度親密了，一是會給對方留下錯誤的資訊，認為是不是對方對自己有意；二是容易給大家造成不好的印象；三是如果雙方都成家了，會給彼此的家庭帶來傷害，造成婚姻不穩定的因素。

（7）一起戶外出遊。

戶外使人心情愉悅，在放鬆的狀態下容易展現真實的自我，但是要注意的一點是安全問題，最好約上幾個要好的朋友一塊，也不至於兩個人尷尬。

（8）最關鍵的在於自己要把心態擺正，畢竟我們最主要的還是工作中的交際。

另外，女性可能在處理事情上比較感性化，想法變化太快，你必須有足夠的耐心來適應。如果雙方合作愉快的話，還能成為朋友，這又何嘗不是一種所得！

心理學小祕訣

男女兩性之間，任何一方都可能有一些不良的企圖。要善於讓這些企圖消失得無影無蹤，又讓人們都很尊重你。

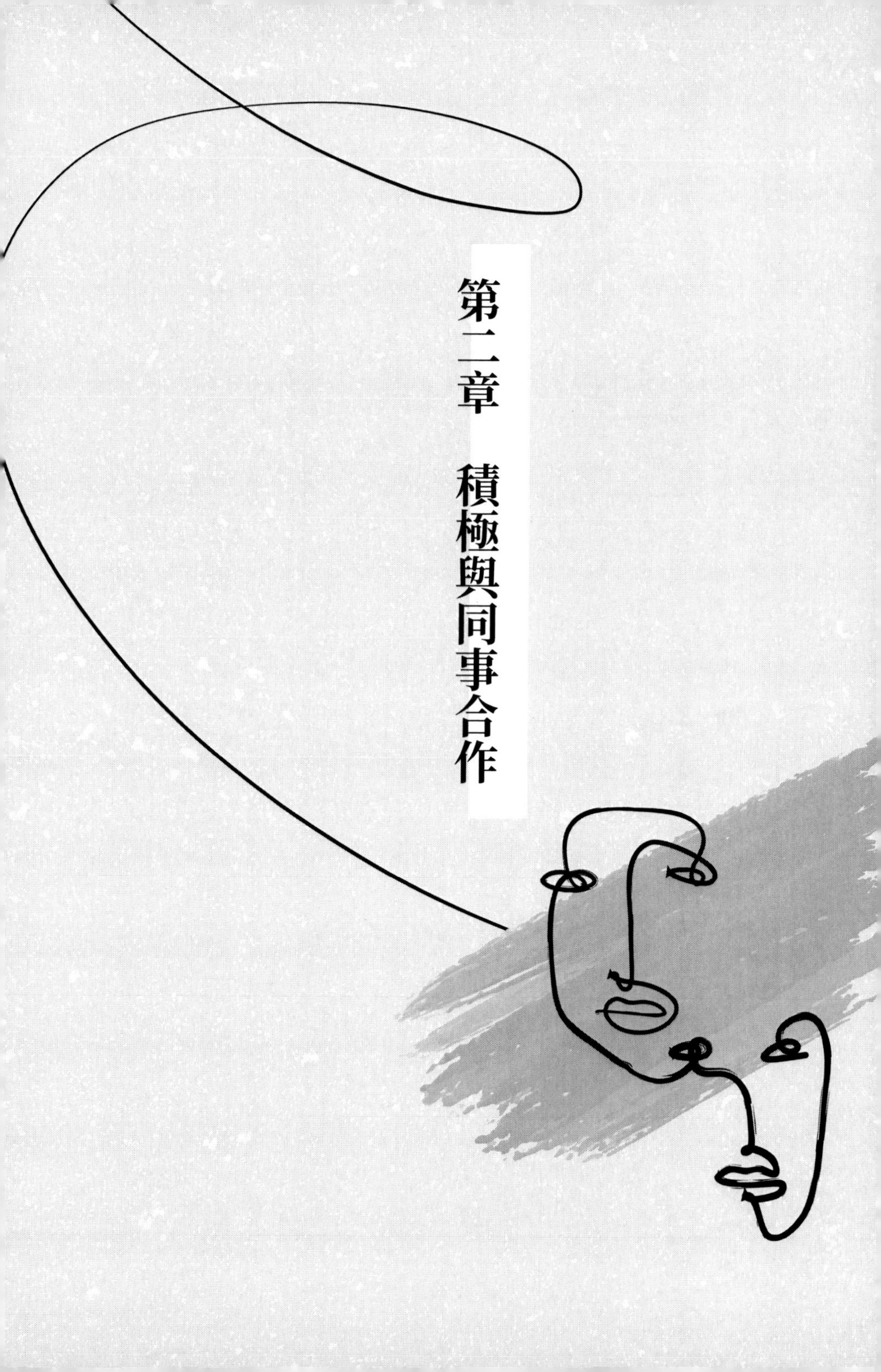

第二章　積極與同事合作

職場中的團隊是特殊的組織，團隊精神是組織精神文化的典範。職場團隊的存在與發展需要成員的相互配合和共同努力，團隊內部的協調與分工合作實質上是管理心理學的應用。職場合作的同事具有與合作項目有關的知識與技能，共同的合作目的，因而能在行動中相互配合。同事間良好的合作互動是個人成長的促進力。因此，本章就如何加強職場中同事間的交流與合作問題提出了意見和建議，以期促進和諧，共存共榮的發展。

透過合作增強競爭優勢

心理學上有這樣一個經典的實驗：心理學家隨機的將參與實驗的學生，以兩人為一組，分成若干組。接著，學生們被要求從一至一百中隨意挑選一個數字寫在紙條上。如果一組中的兩個人的數位之和剛好等於一百或者小於一百，那麼，他們就可以得到自己寫在紙上的錢數；如果兩個人寫下的數字之和大於一百，那麼他們就要各自付出自己寫在紙上的錢數。結果，幾乎沒有哪一組的學生寫下的錢數之和小於一百，都為此付出了相應的錢數。

社會心理學家認為，人與生俱來有一種競爭的天性，每個人都希望自己是比較強大的那個，都不能容忍自己的對手強過自己。因此，當彼此間發生利益衝突時，往往會選擇競爭，即使拼個兩敗俱傷也在所不惜；就是在雙方有共同利益的基礎上，人們也傾向於選擇競爭，而不是「合作」。這種現象被心理學家稱為「競爭優勢效應」。

一隻河蚌舒服的張開殼在晒太陽。不料，一隻鷸飛過來去啄牠的肉。河蚌非常氣憤，心想：「你有利嘴就可以來啄我嗎?今天，我非要讓你知道我的厲害不可！」於是，河蚌急忙合起自己的殼，緊緊的鉗住鷸的嘴。鷸掙扎了幾下，但掙脫不了，想了想就對河蚌說：「今天不下雨，明天不下雨，你遲早死在這裡。」河蚌一聽之下，更加生氣，就說：「今天不放你，明天不放你，你總會活活餓死。」就這樣，兩個誰也不肯鬆口。剛好一個漁夫路過這裡，看見這種情景，便不費吹灰之力的把牠們一起捉了起來。

其實，即使與對手同歸於盡，也不想給對手讓步的強烈的競爭心理在人的身上表現得更加明顯。利益衝突會導致人們優先選擇競爭，這是理所當然的事情，然而，在有共同利益的情況下，人還會選擇競爭，這有可能嗎？

戰國時，有一群「賢人志士」相聚在趙國，商量著去攻打秦國。秦昭襄王得到消息後非常擔憂，就把范雎招來，問他有沒有辦法可以應付。范雎笑了笑，說：「大王不必擔憂，微臣自有辦法。」於是，范雎帶重金來到趙國，在武安大擺擂台，凡優勝者就能得到黃金。結果一時之間，這些賢人志士們紛紛上擂台爭奪黃金，本來志同道合的他們，反而因為打擂台而成了仇人。就這樣，范雎用重金作為獎勵使他們爭鬥起來，從而化解了秦國的危機。

由此可見，即使在擁有共同利益的基礎上，人也會因為利益分配的不平均，以及長期利益與即時利益的矛盾，而選擇競爭。

除此之外，心理學家還認為，溝通不充分也是人們選擇競爭的一個重要原因。試想，如果雙方能就利益分配問題、合作原則問題進行商量，達成共識，那麼合作的可能性就會大大增加。由於「競爭優勢效應」的存在，合作自然發生並得以維持的可能性微乎其微。為了杜絕「競爭優勢效應」帶來的惡性競爭的危害，往往需要雙方都能理性的考慮問題，以長遠利益為重努力促成合作。

一般說來，雙方力量懸殊，比較容易達成合作。因為，劣勢的一方出於無奈而不得不和強者聯手以完成任務，而強勢的一方由於弱勢的一方太弱小，不足以讓他產生競爭意識，而願意與之合作。

那麼，如果雙方實力相當，彼此都具有強烈的競爭意識的時候，我們應該怎樣才能達成合作呢？

首先要溝通。溝通越有效，合作的可能性也越大。良好的溝通能夠傳達給對方合作的意向，削弱彼此的競爭心理。

其次要注意挑選合作的對象。因為一個人的個性在基本上影響著其採取合作還是競爭。通常情況下，成就動機強、好強的人更容易選擇競爭，而交際動機強、謙虛的人更傾向於合作。

第三要推崇「雙贏」。合作的目的就是雙贏，是讓我們每個人都得到成功。雙贏的推崇能夠減少「競爭優先」帶來的負面影響。

心理學小祕訣

要消除「競爭優勢效應」的消極作用，就要努力促成合作，推崇雙贏理論。合作能夠使我們擁有更加廣闊的空間，擁有更多的可能性，擁有更高的成功概率。因此，與人合作已經成為了現代人一個必不可少的能力。

處理好與同事間的競爭關係

同事之間最難以面對的就是競爭關係，你在競爭中處於優勢，無疑就能顯示出同事的劣勢，造成他心理上的不平衡。遇到豁達大度的同事還無關緊要，但是如果碰到好勝心較強的同事，那就很難與其相處了。

競爭對於同事關係的影響在一些合資公司尤其是外資公司裡極為明顯。追求工作效益，希望贏得老闆的好感，早日升遷加薪，以及其他種種利害衝突，使得同事間天然的存在著一種競爭關係。而這種競爭在很大程度上又不是一種單純的真槍實彈的實力較量，而是摻雜了個人性格衝突、與上司的關係等等複雜因素。它是一種變形的扭曲的競爭，其中有多種影響同事關係的因素。表面上大家同心同德，平平安安，和和氣氣，內心裡卻可能各打各的如意算盤。

處理同事之間的競爭關係，好比行走在沼澤地一樣，稍有不慎就會陷入泥坑裡不能自拔，別說讓同事喜歡，即使最簡單的「井水不犯河水」也很難做到。當然，這種競爭關係也不是不能處理好的。美國史丹佛大學心理系教授羅亞博士認為：人人生而平等，每個人都有足夠的條件取得成功，但必須懂得一些處理競爭關係的技巧，他提出如下五條建議。

第一，無論你多麼能幹，多麼自信，也應避免自傲，更不要讓自己成為一個孤家寡人。在同事中，你需要找一兩位知心朋友，平時大家有個商量，互通聲氣。

第二，要想成為眾人之首，獲得別人的敬重，你要小心保持自己的形象，不管遇到什麼問題，不必驚惶失措，凡事都有解決的辦法。你要學會處變不驚，從容面對一切難題。

第三，當你發現同事中有人總是跟你抬扛時，不必為此而耿耿於懷，這可能是「人微言輕」的關係，對方以「老鳥」自居，認為你年輕而且工作經驗不足，你應該想辦法獲得公司一些前輩的支持，讓人對你不敢輕視。

第四，凡事須盡力而為，也要量力而行。尤其是在你所處的環境中，不少同事對你虎視眈眈，隨時準備找出你的錯誤，你需要提高警覺，按部就班地把工作做好，這是每一位成功職員必備的條件。

第五，利用時間與其他同事多溝通，增進感情，消除彼此之間的隔閡，這有助於你事業的發展。

依照以上建議去處理與同事的競爭關係，那麼你就會覺得同事之間並不一定就是敵人，你們同樣可以攜手合作，取得雙贏。

心理學小祕訣

能很好的與同事相處，讓同事喜歡，為公司的整體發展做出貢獻，而最終你個人的成功也就是水到渠成的事了。

平衡合夥人利益才是王道

心理學家霍曼斯在一九七四年提出了這樣的一種理論，即人與人之間的交際，本質上是一種社會交換。這種交換在本質上來說，同市場上的商品交換所遵循的原則是一樣的，那就是沒有人甘心在人際關係中，自己的付出和收穫不成正比。

人際關係在本質上是一個社會交換的過程，即相互給予彼此所需要的。有的人把這種交換叫做人際關係的互惠原則。對於這一點，職場的人應該更加重視，尤其是剛入職場的人，由於缺乏在逆境中的鍛鍊，很容易陷入一種錯誤的認識，以為走入社會後，其他人也會像老師一樣圍著自己轉，其他人有什麼好的事情都會想著自己，自己遇到了困難，別人都會像朋友一樣無私無欲的出手相助，以至於很少去考慮，在接受了別人的好意之後，自己能夠為別人做些什麼。

剛入職場的人要知道，以自我為中心，是人際關係中的一種障礙，它會阻礙人際關係的正常發展。以自我為中心的人，總是把自己的需要和興趣放在第一位，只關心自己的利益和得失，而不考慮別人的感受和利益。這樣的人，註定孤孤單單，走不了太遠的路。

職場不是校園，同事之間的關係不是師徒關係，而是競爭關係，更應該平衡利益。合夥做生意由於資金、人力等各方各面的原因，齊心協力的合夥人成功了，發展了自己的品牌，離心離德的合夥人卻失敗了，甚至再好的朋友都反目。而且，更多的反目，不是出現在最困難的時候，而是出現在事業漸入佳境的情況下。

為什麼會這樣？關鍵在於產生利益的時候，合夥人會不會玩好「蹺蹺板」。

余震和侯曉峰是非常好的朋友。余震開了一家網咖，侯曉峰就來幫忙，網咖開業之後，來的人非常少。余震考察了市場，發現自己的網咖規模太小，設備的等級不高，於是決定提高設備。這時，作為朋友兼雇員的侯曉峰就把自己的十五萬元積蓄拿出來借給了余震，因為兩個人是多年的朋友，也並沒有寫借條。兩個人一起籌劃，網吧的等級提升之後，人越來越多，生意也越來越好。

兩個人都越來越忙，後來他們還合夥制定了網咖會員制度和包夜消費優惠等各種專案，這家網咖終於成了附近最好的上網場所。不久，余震算了一下自己的收入，有十五萬元足以還侯曉峰的借款了。但是余震沒有馬上行動，他認為自己用這個資金再做些運轉和擴張，那麼這十五萬很有可能就變成了二十萬、三十萬，或者更多。

可是，受益的時候他完全沒有考慮侯曉峰的利益。就這樣，半年後的一天，侯曉峰對余震提出了還款的要求，而且告訴余震，他不想再做網咖的這份工作了。

余震聽到侯曉峰撤資的消息非常惱怒。當他找到侯曉峰問原因的時候，侯曉峰很平靜的說，開網咖太累了，自己覺得生活不規律，想把自己的投資抽回來，去做點其他生意。

聽到這句話的時候，余震拍著胸脯說：「曉峰呀，你累，我比你更累呀，你白天工作是辛苦，可是每晚都是我在這盯著，我已經連續幾年沒有好好睡一覺了。」

聽到這句話的時候，侯曉峰輕蔑的笑了，他平靜的說：「你累，你應該心裡平衡，網咖的收益是你的。我累，我心裡不平衡，因為網咖的收益和我沒關，包括我的借款，其實你早就可以還我了。」

聽完侯曉峰的這句話，余震再也沒有說話，他馬上取出資金還給了侯曉峰。因為他知道自己的索取無度，已經傷害到了對自己幫助最大的朋友。

由此可見，利益均衡不但對於合夥人來說非常重要，平常和人交際時也應該重視蹺蹺板定律，不要總是等待著別人的幫助，有時候可以這樣想，是為了自己而幫助他人。因為每個人都有遇到困難的時候，每個人都需要得到他人的幫助。如果在他人需要幫助的時候，你沒有伸出援助之手，那麼當你深陷困境的時候，你也就沒有資格向別人求助。

在職場中尤其要注意到的一點是，一定要維持自己和別人利益的平衡點，很多人為了利益不均而爭鬥，其實個人內心都應該有一個天平。例如，收益最大的人，自然要承受更多的風險和壓力，收益小的人，相對要少承擔，如果一個總經理對員工說：「你們在精力上對公司的付出比我少多了！」這同樣是可笑的，因為收穫不同，付出相對不同很正常，沒有哪一個人願意無償被別人或公司利用，大部分的員工都是根據自己的薪水來安排自己的工作態度。當然，就個人發展而言，非但不要總是利用別人為自己做事，而且還要注意的一點是，應該增加自己「被利用」的價值。

沒有一個人願意對他人無償的付出，也沒有一個人會得到他人的無償付出。一段穩定的人際關係，必須保持相互交換的平衡。人與人之間的關係也是一樣的，平衡才是王道。

心理學小祕訣

一切人際關係的建立與維持，都是人們根據一定的價值觀進行選擇的結果。如果想在自己的職位上有所提升，與其做一個討好別人的人，不如做一個被別人需要的人。這樣的人更容易被人尊敬，人際關係不必刻意經營也能遊刃有餘。

職場中的博弈生存法則

職場是一個利益混合體，裡面牽涉的利益關係盤根錯節。身在職場，要想有所作為，你必須想辦法處理好與同事之間的關係。而這並不是一件容易的事情。因為，圍繞著那些並不多的晉職和加薪機會，同事與同事之間也在明爭暗鬥，相互之間的關係非常微妙。在職場博弈中，處理好與同事的關係，學會抵擋明槍與暗箭是非常重要的。

只有分清了敵友，你才能夠在職場這樣一個利益混合體中躲避明槍和暗箭，從而保護好自己。職場上既有紛爭，也有同盟，尤其是在同事與同事之間，這種情況十分普遍。但鬥爭也好，結盟也罷，都要視利益大小來定。只有明白了這樣的道理，你才能夠在職場的結盟與鬥爭中做到遊刃有余、從容鎮定，才能成為最後的勝者。

劉小姐是一家廣告公司的企劃，她的能力出眾，經常做出一些好的策劃文案，因此很受上司的賞識。同事孫小姐見劉小姐很受上司器重便經常和劉小姐拉關係，為她端茶遞水，十分殷勤，兩人很快就成為了好朋友。

然而有一天，劉小姐將自己新弄好的企劃文案拿給經理時，卻遭到了經理的批評，因為劉小姐的企劃文案和孫小姐前一天送來的企劃文案是一樣的，經理因此認為劉小姐抄襲了孫小姐的企劃。劉小姐這才恍然大悟，明白了孫小姐接近她的用心，不過她並沒有將這件事情告訴孫小姐，還是和孫小姐像往常一樣有說有笑。過了一段時間，孫小姐因為剽竊他人的工作成果被公司辭退了。

原來，劉小姐在那次事件之後，及時向經理做出了解釋，並且表面上仍然對孫小姐不做防備，但新的企劃文案一做好，就直接發到了經理的電子信箱。不知道這一情況的孫小姐將自己的抄襲成果交給了經理，這無異於證實了劉小姐此前的話，因此也得到了應有的懲罰。

在職場上，你也很有可能會碰到劉小姐一樣的情況。一般而言，同事們最敬重的是德才兼備的人，最忌妒的是上司身邊的紅人。如果你的工作能力突出同時又受到上司的喜愛，那麼，你就要小心聚集在你身邊的人了。

俗話說：「害人之心不可有，防人之心不可無。」劉小姐就是因為缺少防備之心，才被孫小姐乘虛而入。

在職場中也有這樣一種人，他們為人清高，往往不屑與其他同事打交道。這種人往往會遭到同事的排擠，難以在職場上有所作為。

唐代詩人李白，被後世奉為「詩仙」，是繼屈原之後最偉大的浪漫主義詩人。但在詩歌上取得了重大成就的李白，在官場上始終鬱鬱不得志，終其一生也沒有得到皇帝的重用，其中一個重要原因就是李白的性格使然。

李白曾經做過唐玄宗的侍從官，可以時常接近皇帝。這是個人人都希望得到的位置，只要做好了和皇帝及其左右的關係，升遷的機會是相當多的。但是，天生傲骨的李白，並不深諳職場之道，常常會令皇帝左右的人難堪，從而招致旁人嫉恨。

民間流傳著「李太白醉酒嚇蠻書」的故事，大致情節是：當時有塞外的蠻幫來和唐朝通交，可是滿朝文武沒有人懂得番邦的文字，於是唐玄宗招曾在塞外生活的李白作回書。

此時李白剛剛喝醉酒，他搖搖擺擺的來到了大殿之上，讓玄宗的寵臣高力士為他脫靴，讓玄宗的愛妃楊玉環為他磨墨。隨後李白下筆千言，洋洋灑灑，唬得蠻幫使臣跪在地上高呼萬歲。玄宗雖然很高興，但李白從此便成了高力士和楊貴妃的眼中釘、肉中刺。

後來李白作了一首名為〈清平調〉的詩：「一枝紅豔露凝香，雲雨巫山枉斷腸。借問漢宮誰得似，可憐飛燕倚新妝。」詩中借用了漢代皇后趙飛燕的典故，但趙飛燕后來被漢平帝廢為庶人並自殺身亡。高力士和楊貴妃借此大做文章，對玄宗說李白含沙射影，有犯上大不敬之罪。玄宗只好將李白罷官。此後李白一生再也沒有能夠得到在職場一顯身手的機會。

由此可見，在職場打拼，是需要技巧和謀略的。李白不是沒有能力，而是沒有很好的掌握在職場安身立命的技巧。有可能你不經意的一句話，就會成為別人向你放暗箭的理由。

心理學小祕訣

想要在職場的漩渦中學會明哲保身，就必須弄清楚周圍人的狀況，並從中分清哪些人可能成為對手，哪些人可能成為朋友。

和能力強的同事拉近關係

這裡有一個常見的生活現象：將同一種蔬菜，放在不同的水中浸泡一段時間，然後將泡過的蔬菜分開煮。這時就會發現，因為在不同的水裡浸泡過，蔬菜煮出來的味道是不一樣的。

這一點是非常值得思考的。在生活中，人與人之間更是如此，人的心情、氣質，甚至看待同一件事情的心理都是會相互影響的。而且，這種影響是潛移默化，完全讓人在沒有覺察的情況下發生。

工作也是如此，長期在一起共事的兩個人，看法會驚人的一致，對待工作的態度也可能出奇的相似。在職場中，你選擇誰作為你的朋友，就默認你願意接受來自於他的影響。有的時候，人都會過高的估計自己的定力，殊不知，多少習慣都是在被別人感染的情況下，不知不覺中潛入進來，成為自己的習慣。

讓我們做個簡單的分析。如果一個人在工作中非常認真，可是旁邊的人偏偏用短一倍的時間完成了工作，雖然工作粗心點，但是老闆誤認為他效率高，給予了高度的評價，但是對認真的人卻頗有微詞，他能波瀾不驚嗎？

例如：有很多人，在工作中總是選擇和比自己弱勢的人交朋友，覺得這樣不會有在強勢的人面前的自卑，而且，兩個弱勢的人走到一起，更加能夠得過且過，互相安慰。當然，也有可能互相抱怨和指責老闆和公司的不對，這種交際唯一的走向就是一損俱損，兩個人當中有一個犯錯誤，老闆心裡就會留下陰影，總覺得另一個人也有類似問題，導致兩個人同時出局！

要謹慎選擇在工作中和你一起吃飯的人，謹慎選擇平常你最親近的人。如果你不想離職，想在自己的職位上有好的發展，就不要總和瀕臨開除的同事湊在一起，也不要和那些隨時準備離職的人湊在一起。和比你強的同事拉近關係吧，這不是勢利眼，堅持一個月，你就會明白這樣做的好處。

孫清麗在公司裡一直很快樂，可是，有一天，隨著一名新員工的到來，她的快樂就不那麼快樂了！這名新員工的名字叫李君心。李君心來到公司的第一天就大出風頭，主管親自帶她來認識各位同事，向大家介紹時，毫不避諱的說李君心是公司為了拓展北方市場從其他公司挖來的市場推廣精英。

李君心也自信滿滿，非常大方的和眾人打招呼，這讓孫清麗感覺到巨大的壓力。這個能力很強的同事就和她在一個部門，而且，每天中午的時候總會約清麗一起去吃飯，每當李君心拋出「橄欖枝」的時候，孫清麗總是找藉口迴避了。

她對這類自信滿滿的人說不出有一種什麼樣的抵觸感，可是，第一次的企劃會，讓孫清麗重新認識了李君心，上司說完方案後，讓李君心發言。誰都知道第一個發言的人，是最為難的人，而且也不知道該從哪裡說起對這個企劃案的意見。

可是李君心平靜的表情震懾了當時的所有人，她不慌不忙的講自己的看法，條理清晰，思路新穎，關鍵之處還做了詳盡周到的說明，令在場的所有人都如沐春風。待她發言結束，上司抑制不住興奮的心情總結道：「感謝君心給我們帶來了新的思路和更廣闊的資訊來源，大家給她鼓個掌吧！」

這給孫清麗留下了深刻的印象，而且重要的是李君心的確比自己強多了。有一個讓孫清麗苦惱了三個月的方案，李君心用一天的時間就摸清了來龍去脈，聯繫各個媒體幫助孫清麗推動方案。

中午的時候，她主動約上李君心一起吃飯了。吃飯的時候，兩個女性在一起，難免閒聊，清麗真誠的說：「那一天，你提的意見太精彩了，在短短的時間把問題回答得那麼好。」

李君心也坦誠的說：「其實有時候並不是那麼簡單的，今天我用十幾分鐘陳述的問題，是我以往對類似問題的思考和總結。」李君心沒有講她平常怎麼努力工作和思考，但是短短的一句話讓清麗受益匪淺，她開始關注君心的優點。

李君心得到的一切，都因她是個自強不息奮發向上的人。孫清麗在工作上把李君心神話，用李君心激勵自己做事，慢慢也走上了一條薪水飆升的職業道路。開年會時，上司端起酒杯向李君心致謝，也沒有忘記對孫清麗舉杯！

誰都得承認同事之間存在競爭關係，但是好的競爭氛圍會帶給你更加積極的思考習慣，和比你強的同事多接觸，反應再遲鈍的人，時間一久，也會總結出自己的道理。沒有誰天生就比別人聰明，也沒有誰的成功隨隨便便，與其關注那些閃亮的明星們，還不如約上比你強的同事一起吃午飯，從身邊的人那裡吸取長處再盡力彌補自己的不足。

也不必感覺自己遭遇了巨大的壓力，因為壓力大並不一定是壞事，處理好了，壓力可以轉變為動力。不要為別人的能幹而擔憂，關鍵是重整旗鼓，學習別人的優點，用事實證明自己的能力，創造更好的業績。

心理學小祕訣

對於直接存在激烈競爭的強勁對手，要注意冷靜觀察，建議你從正面的角度看，並至少持續三個月。這不但能讓你充分了解他們的優勢，更能了解他們是抱著怎樣的心態工作的，這樣可以彌補自己的不足，發展好自己的強項。

注意同事間的「情緒汙染」

「情緒汙染」指的是個體的情緒會感染群體中的其他人。生活中很多場所的服務員都開展了「微笑服務」，就是為了取得良好的情緒效應。好情緒感染人，壞情緒汙染人，這是美國一家醫學院的心理專家加利．斯梅爾經過長期研究後的發現。他指出情緒汙染的危害性，即不管是怎樣的一個樂天派，當他整天與一些愁眉苦臉的人在一起時，也會染上壞情緒，心情也就越來越壞。

今天我們就重點分析壞情緒對同事的「汙染」。先請聽這樣的一個小故事：有一天早晨，有一位智者看到死神向一座都市走去，他馬上問死神要去做什麼，死神告訴智者，他即將去前方的城市，收回一百個人的生命。

智者聽到死神的回答之後，馬上先跑到都市裡，提醒所遇到的每一個人，告訴大家，死神要來了，會帶走一百個人的生命。

可是，意想不到的事情發生了。智者憤怒的問死神，為什麼明明說要從這帶走一百個人的生命，可在這個都市中，卻有一千個人死了。

死神平靜的說，我只想帶走一百個人，可是因為恐懼和焦慮是會傳染的，這種惡劣的情緒帶走了其他那些人。

這個故事足以說明情緒絕對是一種有渲染力的東西。情緒有好有壞，感染的效果有正有負。良好的情緒會把周圍的氣氛感染得積極、樂觀，而惡劣的壞情緒就會讓敵意擴大到你看不到的空間裡去，造成想像不到的後果。

對於個人的發展來說，如果沒有正確的心理疏導方法及時應對，一個人在工作中的情緒問題被不斷的錯誤放大後，就很難恢復「彈性」，他將無法在下一時間及時將情緒調整到正確的工作步調上。

的確，壞情緒的副作用如同感冒，雖然眼前看來只是小小的麻煩，但如果你的防禦能力過於微弱，併發症就會接連不斷，讓你的職業生涯頓時險象環生。

如果在辦公室存在一個情緒的汙染源，那麼對於其他人來說，也絕對會形成一種巨大的傷害。

一定要記住的是，沒有哪個老闆寬容到能夠原諒一個用自己的壞情緒汙染了更多員工的人！

在一座辦公大樓裡，有兩個清潔打掃的阿姨。李阿姨非常熱情，每天，她都早早的來到公司，不但把辦公室的環境衛生做得非常好，而且還幫大家把杯子裡的水裝好、倒滿。還有一個王阿姨，王阿姨的清潔工作做得的很一般，平常沒事的時候，她就坐在走廊上做做小手工。

可是，不多久，大家都忍受不了李阿姨了，照理說，辦公室的白領一族怎麼能和一位辛辛苦苦為自己打掃衛生的阿姨過不去呢，可事實就是如此。辦公室所有的人聯名寫信換掉李阿姨，強烈要求換王阿姨來打掃。

原來，讓人無法接受的是李阿姨愛打電話。每天，她都會在不固定的時段內講電話。最近可能是她的某個親戚家裡出了問題，打電話的時間更長，頻率也更高。有時候一聊就聊上幾個小時，聊到讓她覺得氣憤的時候，自然也就會把聲音調整到高八度。辦公室的人素養都很高，沒有人刻意去關注她講的什麼，但是，在一個不封閉的環境裡，人很難做到不受外界的干擾，有時候，會不自覺的就被李阿姨談話的內容吸引，被迫停下手上的工作，聽李阿姨講瑣碎的家務事。

更有的時候，大家不自覺也感染上李阿姨的怒氣，自己也開始心浮氣躁，說話就感覺和誰憋著氣一樣，大家越來越感覺到情緒不滿。而且，有時候，聽李阿姨講了一下午的話，大家下班回家的時候，整個人都渾身乏力。原來，在李阿姨高分貝的傾訴中，大家下意識的把自己的神經上足了發條，繃得緊緊的，非常的壓抑。等下班後，人才恢復到放鬆狀態。

終於，大家寧願讓王阿姨象徵性的打掃一下衛生，也不想讓自己的精神天天處於疲憊的接受壞情緒的狀態。於是，沒幾天，勤勞的李阿姨就帶著疑惑的心情「離職」了。

工作中難免有煩悶的事情：早上擠不上地鐵，錯過了最佳路線的公車，上班遲到；或是面對了一個不可理喻的客戶；超時的工作，經常加班加點，沒有得到相對的報酬。每個人都會面對不同的導致煩悶的工作情況，但是不要因為擔心就害怕工作，拒絕工作。

同樣，也不要擔心煩悶。回想上次，你煩悶到「抓狂」的時候，世界毀滅了嗎？

煩悶本身並不是有害的，你的煩悶不會殺人，他人的煩悶也殺不了你。只是在人們固執的堅持用那些有害的方式表達煩悶時，煩悶才能造成悲劇。

心理學小祕訣

從心理健康的角度看待情緒傳播，強調不讓自己的壞情緒汙染別人，並不是勉強個體一定要壓抑自己的情緒。不要讓不愉快的情緒很容易在心頭積存，可以試著深呼吸，讓頭腦瞬間冷靜，不讓壞情緒肆意侵襲你的大腦。還可以打個電話給自己生活中的朋友，和他談談你的遭遇，無論他能否給你實質性的幫助。不知不覺間，在傾吐的過程中，壞情緒就會疏導和排泄出來！

淡化自己免遭嫉妒

身在職場，當你取得成績時，往往會招致別人的嫉妒。從心理學角度來看，淡化自己的成績，有利於削弱別人的嫉妒。那麼，怎樣才能做到這些呢？下面的這些方法，一定能帶給你一些幫助。

方法之一：介紹自己的優勢時，強調外在因素以沖淡優勢。你被派去單獨做事，別人去沒辦成，而你卻一下子辦妥了。這時，你若開口閉口「我怎麼怎麼」，只能顯出你比別人高一籌，聰明能幹，而招致妒忌。如果你這麼說「我能辦妥這件事，是因為我賣力肯做」，就容易讓人覺得你處於優勢是理所當然的，因而會妒忌你的能幹。但你要這麼說「我能辦妥這件事，一方面是因為前面的同事去過了，打了基礎，另一方面多虧了當地群眾的大力幫助」，這就將辦妥事的功勞，歸於「我」以外的外在因素「前面的同事和群眾」，從而使人產生「還沒忘了我的苦勞，我要是有群眾的大力幫助也能辦妥」這樣的藉以自慰的想法，心理上得到了暫時平衡。「我」在無形中便被淡化了。

方法之二：言及自己的優勢時，應謙和有禮。自己處於優勢自是可喜可賀的事，加上別人一提起一奉承，更是容易陶醉而喜形於色，這會無形中加強別人的妒忌心。所以，面對別人的讚許恭賀，應謙和有禮、虛心。這樣，不僅顯示出自己的君子風度，淡化別人對你的妒忌，而且能博得對你的敬佩。

「小李畢業一年多就提了業務廠長，真了不起，大有前途呀！祝賀你啊！」在外公司工作的朋友小張十分欽佩的說。

「沒什麼，沒什麼，老兄你過獎了。主要是我們這水土好，上司和同事們抬舉我。」小李見同一年大學畢業的小王在辦公室裡，便壓抑著內心的欣喜，謙虛的回答。

小王雖然也妒忌小李，但見他這麼謙虛，也就笑盈盈的主動招呼小李的朋友小張：「來玩了？請坐啊！」不難想像，小李此時如果說什麼「憑我的水準和能力早可以提拔了」之類的話，那麼小王就會妒忌，也就不可能與小李進一步相處。

方法之三：不宜在優勢者的同事、朋友面前特意誇獎優勢者。誰都希望處於優勢而得到他人的誇獎，但事實上總會有懸殊的差別。當同事、朋友各方面條件都差不多，其中有人處於優勢，別人若不提及，有時還不覺得。一旦有人提起，其他人聽了就不好受，難免會妒火中燒。所以，作為不會對此妒忌的旁人，一定不要在優勢者的同事、朋友等多人面前特意誇獎優勢者。否則，不僅會引發和加強其對優勢者的妒忌，還可能同時妒忌你與優勢者的「密切關係」。

某公司宣傳部幹事小張在較有影響的報刊上發表了幾篇理論文章，團委小高在工會宣傳幹事小王面前羡羡慕的誇獎道：「小張真不錯，最近又有一篇文章在某某刊物上發表了！」

小王頓時收斂住笑容，酸溜溜的說：「他有那麼多閒工夫，發兩篇文章有什麼了不起了？哼！」

小高見狀，自知失言，讓小王覺得臉上掛不住，只好尷尬的走出工會辦公室。

小高在這裡犯了大忌：在可能產生妒忌的敏感區，偏偏又增添了引發妒忌的「發酵劑」。

方法之四：突出自身的劣勢，故意示弱以淡化優勢，如同「中和反應」一樣。一個人身上的劣勢往往能淡化其優勢，給人以平平常常的印象。當你處於優勢時，注意突出自己的劣勢，就會減輕妒忌者的心理壓力，產生一種「哦，他也和我一樣很普通」的心理平衡的感覺，從而淡化乃至免卻對你的妒忌。

比如：你是剛畢業的新教師，對最新的教育理論有較深的研究，講課亦頗受同學歡迎，以致引起一些任教多年卻缺乏這方面研究的老教師的強烈妒忌。這時，你若坦誠的公開、突出自己的劣勢：教學經驗一點都沒有、對學校和學生的情況很不熟悉等，再輔以「希望老教師們多多指教」的謙虛話，無疑會有效淡化自己的優勢，襯出對方的優勢，減輕弱化老教師對你的妒忌。

方法之五：不要當眾說「我們怎麼怎麼」，而給人以厚此薄彼之嫌。在眾人面前談某群體中的某人時，你若說「我們很要好」「我倆情同手足」「和你們公司的某某交情很深」之類的話，對方很容易產生「你厚他薄我」的冷落感。因為這種複數關係稱謂具有明顯的排他性。對方會覺得被你稱為「我們」中的人員是優勢的而滋生妒忌。

方法之六：強調獲得優勢的「艱苦歷程」，以淡化妒忌。透過艱苦努力所取得的成果很少被人妒忌。如果我們處於優勢確實是透過自己的艱苦努力得到的，那麼不妨將此「艱苦歷程」訴諸他人，加以強調以引人同情，減少妒忌。

比如：在鄰居、同事還未買電腦的時候，你卻先買了。為了免受「紅眼」，你可以這麼說：「我買這台電腦可不容易。你們知道我節衣縮食存了多少年嗎？整整六年啊！辛苦啊！我們夫妻倆都是低薪資，一塊錢一塊錢的存，連場電影都捨不得看，太難了……」聽了這些話，對方就很難產生妒忌之心。相反，或許還會報以欽佩的讚歎和由衷的同情。

方法之七：切忌在同性中談及敏感的事情。女性之間的妒忌多半因容貌而起。女人愛妒忌，妒忌可以說是女人明顯特徵之一。而女人又往往因為容貌姿色才處於優勢。所以，女人對容貌、衣著以及風度氣質所帶來的愛情生活、夫妻關係等相當敏感，很容易產生妒忌。

比如：一個女孩因有一張漂亮的臉蛋而被不少小夥子包圍著，那些容貌平平的沒有人追求的女孩，自然會對她產生妒忌。這時，你作為男性，千萬不要在女性之間當面誇讚其中某一女孩「真漂亮！」「穿著打扮真時髦！」「氣質太迷人了！」「某某的男朋友我見過，特帥，特有魅力！」這不僅會引起其他女性的妒忌，而且會對你產生一種莫名的敵意。

男性之間的妒忌大多因名譽、地位、事業所致。男人對社會活動能力、工作業績、創造手段等最為關注，也最易導致相互妒忌。

比如：某人升了職而贏得不少漂亮女孩的追求，某人因才華出眾、能說會道而顯身揚名等等，這些都會受到身邊其他男人的妒忌。因此，在男性之間，作為女人的不宜當眾評頭論足，說什麼「某某真能幹！」「某某女朋友真標緻！」「某某和你一塊來的吧？現在已經是廠長了！」尤其作為妻子，更不宜有所比較的奚落自己的丈夫：「你看人家小王，學理科的出身，卻發表了那麼多的小說，稿費一拿就是幾萬塊！虧你還是學中文的！」如此，就是再敦厚的人也會生出對他人的妒忌之心來，導致家庭、鄰里、同事之間關係的僵化和冷漠。

心理學小祕訣

當自己明顯比別人強時，你在感情上還是要和大家在一起，這樣別人就不會再嫉妒你了，也會認為你是靠自己的努力得來的優勢。學會淡化別人的妒忌心理，將有利於促進同事、朋友、鄰里及多種範疇內的人們彼此減少敵意和隔閡，使人們都成為優勢者。

注意同事間的說話尺度

在人們的交際和溝通中，別人說了一句非常隨意的話，卻引起了聽話的人很大的心理反應。也就是說，這位資訊發出者的心理比較平靜，但傳出的資訊被對方接收後卻引起了心理的失衡，從而導致態度行為的變化。這種「說者無意，聽者有心」的心理效應現象，正像大自然中的瀑布一樣，上面平平靜靜，下面卻浪花飛濺。這就是瀑布心理效應。

職場上也是如此，人們表面波瀾不驚，內心卻暗流湧動。別人可能在不經意間得罪你，你也有可能在不經意間得罪別人。和同事交談，雖然不像和上級交談那樣正規、嚴肅，但也不能太隨便。

在辦公室裡與同事交際，需要一定的技巧。同事之間的關係很微妙，它不同於家人之間的親密無間，也不同於朋友之間的「臭味相投」。同事就是同事，他既是你的合作夥伴，又是你的競爭對手。此外，同事之間又往往存在著利益關係，因此交談、交際都要謹慎從事。生活中這樣的例子很多，例如周圍的同事穿了件新衣服，別人都稱讚「漂亮」「好看」之類的話，唯獨有人說：「你太胖了，這件衣服並不適合你。」這話一出口，說的人覺得僅僅是發表個人看法，但是會搞得當事人很生氣，而且周圍大讚衣服非常漂亮、合適的人也會很尷尬。簡簡單單的一句話，引起了所有人內心的不滿，最終，不注意說話尺度的人，就會被排除在團體之外。

瀑布心理效應的確能給人們帶來很大的警醒。還有一種嚴重的情況是，如果一個人說話隨便，說了不該說的話，有意或無意的造成公司的洩密，那麼，輕者會使上司的工作處於被動，帶來不必要的摩擦，重者會給企業造成極大的傷害，造成不可挽回的後果。

只要人多的地方，就會有閒言碎語。說話一不小心就會成為惹禍的源頭，所以不要在同事面前評論上司，並不是說上司沒有錯，只是他的錯誤不能由你來批評。

小雲跟同事小朱在同一個部門，並且同時期進入公司。哪知在升遷的時候，小朱把小雲在以往工作當中的一些失誤都告訴主管，導致她升遷無門。

小雲以前跟小朱的關係，簡直可以用「如膠似漆」來形容。兩個人一起吃工作餐，有時下班還會一起找個地方坐坐、逛街。小雲對她像對其他的閨蜜一樣，什麼心裡話都會全盤托出，當時的她根本就沒有意識到她這麼做是給自己埋了個地雷，看不見的危險正一步步向她靠近。

不久前，部門主管找到她，告訴她有機會升遷，所以要她馬上提供一份部門工作意見。小雲馬上就把這個好消息告訴了小朱，當時小朱聽到這個消息還祝賀她，並給了她一些建議。哪知小雲拿出自己準備了很久的工作意見，主管竟然說不用了。主管還告訴她，主管的職位決定給小朱。

主管告訴小雲的同時，還指出小雲以往工作當中的一些失誤，還說她做人做事太不恰當了，居然總是對同事抱怨主管。小雲馬上就意識到發生了什麼，因為主管指出自己的那些失誤、指出她在背後的抱怨，她從來沒有跟任何人說過，只跟小朱說過。

小雲當時就覺得五雷轟頂，被欺騙被侮辱的痛苦一直折磨著她。她從此決定不再相信職場當中的任何感情，她真實的感覺到：職場就是戰場。大家爭奪同一塊大餅，你吃了，別人就餓著。別人吃了，你就會餓著。飢餓會讓人做出任何瘋狂的事情。想要那種無話不說的閨蜜，看來只能在遠離工作場所的地方找。

現在的小雲跟小朱已經從昔日的密友變成陌路。從那以後，小雲再沒有和同事吃過飯，平常與同事也刻意保持距離，因為在她心裡，職場是危險的，絕對不能與職場中的同事成為朋友。如今小雲看見老朋友老同學就講：「我不會再和同事交朋友，即使對方讓我感覺氣味相投，我也不會再那麼做了。」

人在職場中，不可能不說話，一個冷漠的、沉默寡言的人同樣讓人感覺枯燥無趣，但重要的是，說話的時候，要注意別人的心理，注意同事間的說話尺度。不要在背後說人閒話，閒話就像噪音一樣，影響人的工作情緒，同時也影響你的人際關係。辦公室是一個是非之地，一句話不慎就有可能引來一場是非，所以在辦公室討論涉及他人的話題時，說話一定要講究技巧，以免招來麻煩。

人際關係是一門藝術，並且它比某些技術還要複雜。它要求精心策劃、具體實施及隨時評價才會保持有效。最有效的交際是多維的，它們也有自己的生命，並在不知不覺之中對你的工作作出很大的貢獻。像一個內在聯繫的網路一樣，一個充滿活力的互助網會在具有很大潛在數目的實體間建立一種有意或無意的聯繫。它不受地域、職業工程或企業所限。一個真正有效的互助網會不斷發展，給它的發起者帶來無盡的收益。

當你剛加入一個新的團體，或當你剛進入一家公司，無論這是你的第一份工作，或者是由別家公司跳槽而來的，初始你很可能是他人探索甚至懷疑的對象，甚至可能是原來覬覦此一職位的人憎恨的對象。但你要牢記，時間能夠治療與證明一切。在你進入一家公司之初，無論周遭的人有多冷漠，你都必須花時間慢慢小心的營造與他人之間的人際關係，切忌尋求速效。

心理學小祕訣

和任何人的溝通都不要過於情緒化，要知道主觀臆測、信口開河，往往會把事情搞砸。不能控制情緒會給人不穩重的感覺，客觀才能得人心。這裡說的客觀，就是尊重事實，實事求是反映客觀實際，應視場合、對象，注意表達方式。

怎樣和愛打小報告的同事相處

有這樣一個故事：小張的工作比較輕鬆，而且女同事多。辦公室共有五人，其中有兩個愛打小報告。可能工作比較清閒，也沒什麼技術成分，這兩個愛打小報告的人都是老鳥了。

小張剛來的時候，是透過關係進來的。同事們剛開始覺得小張有關係，就和他很好的相處。小張剛畢業，什麼也不懂，別人問什麼就答什麼。

有一天，小張被甲主管批評了一頓，甲主管說有人告到更高的乙主管那裡，說是小張說的：甲主管說乙主管沒有前途。事實上小張沒這樣說過。

後來小張知道是辦公室一個愛打小報告的人傳的話。有一天有人說起這事，小張就說了兩句，也沒有提名字。那個告他的人就在辦公室和他吵，認定小張說過「甲主管說乙主管沒有前途」的話。小張畢竟是新來的，不敢和她吵，她很能吵的。

現在，大家是誰也不理誰。小張很苦惱，不說吧，尷尬，而且怕她又告自己的壞話；理她吧，小張確實生氣。

遇到愛打小報告的同事，應該怎樣相處呢？下面有兩點建議：第一，盡量避免和立刻停止跟這個打小報告的同事吵架。都到這個份上了，你吵贏吵輸都關係不大了。在公司裡跟同事吵架，會被認為是工作和人際關係能力低下的表現。

第二，找機會跟主管談一談，或者發個郵件、簡訊。把事情的來龍去脈跟主管說清楚，說自己只是沒點名道姓提了一句。然後你可以表達這樣的意思：具體是誰打報告的，我雖然猜到是誰，但也沒有必要指出來了。最關鍵是從這次以後我自己已經吸取了教訓，保證以後會提高警惕，不會再攪進這樣的事裡了。

心理學小祕訣

在職場上說話做事都要很小心，平時最好壓根就別對同事的生活、私事感興趣，有精力就放在工作上或者別的事上。過度關注別人的私事，很容易引發人性中報復的弱點，以至於引火焚身。

與同事和睦相處的兩大原則

假如以每個人每天工作八小時來計算的話，人們從參加工作到正式退休，差不多有三分之一的時間都在跟同事相處。所以，同事關係對於一個人來講是最重要的人際關係。同事之間最容易形成利益關係，如果對一些小事不能正確對待，就容易形成溝壑。

在職場中一定要記住，與我們面對面的是同事而不是冤家，因而應該遵循同事相處的兩條原則：

第一，切勿爭強好勝。畢業於名校、能力出眾的張揚剛到公司工作時，為了突出自己的能力，不僅把自己的工作做好，還處處幫助同事。一開始，同事們還很喜歡他，可後來他發現同事們個個都疏遠他，部門主管也時常刁難他，這讓他一頭霧水。

後來聽到同事在背後的「議論」，張揚才發現，自己在他們眼裡「鋒芒畢露、爭強好勝，看似幫助同事，實則在為自己的功勞簿上添功」。同事小陳說：「他這個人雖然沒有害人之心，但太過於表現自己了，總把別人看成自己的競爭對手，而想盡辦法壓倒別人，特別是有主管在場的時候他更這樣。那次，我的電腦遇到了一個小問題，我請錢姐幫忙，當錢姐正在幫我處理的時候，張揚卻跑過來搶了錢姐手裡的工具修起了電腦，還說『這麼簡單的事都不會做，你真笨』。雖然電腦修好了，但我心裡一點也不舒服，人家又沒請你來幫忙。」

張揚聽了此話，心裡一涼：我在他們眼裡怎麼就成了這種人呢！同事之間由於經歷、立場等方面的差異，對同一個問題，往往會產生不同的看法，引起一些爭論，一不小心就容易傷和氣。因此，與同事有意見分歧時，一是不要過度爭論。客觀上，人接受新觀點需要一個過程，主觀上往往還伴有「好面子」、「爭強奪勝」心理，彼此之間誰也難服誰。此時如果過度爭論，就容易情勢惡化而影響團結。二是不要一味「以和為貴」。即使涉及到原則問題也不堅持、不爭論，而是隨波逐流，刻意掩蓋矛盾。面對問題，特別是在發生分歧時要努力尋找共同點，爭取求大同存小異。實在不能一致時，不妨冷處理，表明「我不能接受你們的觀點，我保留我的意見」，讓爭論淡化，又不失自己的立場。

第二，杜絕嫉妒之心。石小娜到新公司工作時，原以為自己學歷最高，能力最好，在工作中就時常表現出自滿的情緒。有一天，部門主管給她分配了一個很簡單的任務，可石小娜偏偏沒辦法完成，後來求助於同事王紫萱才順利交差。為此，主管表揚了王紫萱說：「雖然王紫萱學歷不高，但操作能力強，大家都應該向她學習。」

就這麼一句表揚，石小娜心裡很不是滋味，在以後的工作中，她總想挑王紫萱的刺，出她的醜。可王紫萱總是很坦誠的向她學習，並不生氣。

結果，時間久了，石小娜給同事們留下了嫉妒心強的不良印象，因此在後來的主管選拔中，石小娜敗給了王紫萱。石小娜歎氣道：「嫉妒讓我吃了不小的虧！」

許多同事平時一團和氣，然而遇到利益之爭，就「當利不讓」。或在背後互說讒言，或嫉妒心發作，說風涼話。這樣既不光明正大，又於己於人都不利，因此對待升遷、功利要時刻保持一顆平常心。

同事之間經常會出現一些碰撞摩擦，如果不及時妥善處理，就會形成大矛盾。俗話講，「冤家宜解不宜結。」在與同事發生矛盾時，要主動忍讓，從自身找原因，換位為他人多想想，避免矛盾激化。如果已經形成矛盾，自己又的確不對，要放下面子，學會道歉，以誠心感人。退一步海闊天空，如果有一方主動打破僵局，就會發現彼此之間並沒有什麼大不了的隔閡。

面對自己的不利情形，我們為什麼不微笑的面對生活，友善的對待周圍同事呢！在職場上，有的人並沒有把重要的精力都用在工作上，而是用在了算計同事上。任何事都是一把雙刃劍，你這樣做的次數越多，所受到的傷害就越大。結果使得你與同事的關係越來越複雜，那時你的工作效率怎麼能不降低呢？因此，堅持多做事，少嫉妒和算計別人，是處理同事關係的重要原則。

心理學小祕訣

很多心胸狹隘的人總會以損傷他人的自尊來求得自己心理上的安慰和平衡，可結果往往是兩敗俱傷，雙方不僅都不能贏得友誼，還會反目成仇。

處好職場同事關係的五個法則

人際關係是怎樣影響人的心理健康的呢？因為良好的人際關係，朋友多，人際關係和諧，因此人們之間可以互相關心，互相愛護，互相幫助，這樣就可以降低心理壓力，化解心理障礙，有利於心理健康。人際關係惡劣則缺乏知心密友，有話不想說，也不能說，只有把所有的問題都壓抑在心中。這樣，產生的問題不能得到有效的化解，很容易把心理問題積蓄和放大，這樣就很容易產生心理障礙。

那麼，處理好與同事的人際關係有哪些法則呢？這裡為你總結出五條：

第一，勤於溝通。每個生命都需要表白，那麼，與表白如影隨形的便是人與人之間的溝通。只有溝通，才能讓別人了解自己，同時自己也才能了解別人。只有溝通，才能不斷增進彼此的理解，從而減少或避免一些不必要的誤會和摩擦。越是不作溝通，越是有意設防，就會越難使人心達到交融。溝通需要主動，一味的等著別人與自己溝通，等不來好人緣。

能溝通不等於會溝通，善於溝通者知道根據不同的對象、場合，採取不同的交際方式，懂得「到什麼山，唱什麼歌」。溝通總是與口才緊密相連，口才能為你的溝通鋪平順暢的道路，能幫你的交際書寫和諧的華章。

第二，懂得欣賞別人。希望得到別人的注意和肯定，這是人們共有的心理需求，而欣賞正是滿足這種需求的一種交際方式。人際關係大師卡耐基說：「避免嫌棄人的方法，那就是發現對方的長處。」因此，在交際中我們應抱著欣賞的心態來對待每一個人，時時留心身邊的人和事，多發現別人的優點和長處。

讚美是欣賞的直接表達。有道是「良言一句三冬暖」，一句真誠的贊美，往往可以給別人也給自己帶來好心情。學會發現別人的長處並由衷的讚美吧，這是促進人際關係和諧的「潤滑劑」。

第三，尊重別人。渴望受到尊重是每個人的基本心理需求。在人際關係中，我們對所有的人，不管其地位高低貴賤，都應該給予應有的尊重。我們不僅要尊重他人的人格、他人的個性習慣、他人的權利地位、他人的情感興趣和隱私，還要尊重彼此存在的外顯或內在的心理距離，不要輕易的去突破它，破壞它，否則就是對對方的冒犯，勢必造成對方的戒備、反感和疏遠。

其實，做到尊重別人並不難，有時只需一個微笑、一句問候、一聲敬語、一對善於傾聽的耳朵、一張守口如瓶的嘴巴，就會給別人的帶來陽光和溫暖。事實上，只要你這樣做了，也會為你自己帶來真摯的友誼與和諧的關係。

第四，學會換位思考。在職場中，我們為人處世總是習慣從自己的主觀判斷出發，因而常導致一些誤解的發生。所以，要達到彼此的認同和理解，避免誤會和偏見，我們就要學會換位思考。

所謂「換位」，即俗話說的「板凳調頭坐」，就是要善於從對方的角度和處境認知對方的觀念、體會對方的情感，發現對方處理問題的個性方式。只有設身處地的多為別人著想，才能夠最大限度的理解別人，從而找到相處的最佳途徑、解決問題的恰當方法。孔子有言：「己所不欲，勿施於人」，意思是自己不想要的，不要施加到別人身上，說的就是這個道理。也正如一位哲人所說：「你希望別人怎樣對待你，你就先怎樣對待別人。」

在與同事的相處中，只要少一點自以為是，多一點換位思考，就會少一些誤解和摩擦，多一些理解與和諧。

第五，把誠信放在首位。孔子有言：「人而無信，不知其可。」誠信是無形的「名片」，關乎一個人的形象和品質。在現實生活中，不少人「一切向錢看」，不講誠信，連自己的親朋好友都矇騙，由此使得人際關係中的信譽度降低，嚴重損害了人與人之間關係的和諧。面對誠信的缺失，光是呼喚是不夠的，我們每個人都是建設誠信大廈的磚瓦，需要我們從自身做起，從身邊的一件件小事做起。

不要失信於人，對別人有求於我們的事，我們一旦答應了就要盡全力去辦。如果確因客觀原因無法完成，就應向人家解釋清楚，求得對方的諒解，要盡可能本色做人，不要總是帶著一副假面具與人交際，虛與委蛇，不要抱著「沒有永遠的朋友，只有永遠的利益」的想法，以一種「利用」的心態與人交際，甚至做出過河拆橋的卑鄙之舉。只要我們每個人都以自己的實際行動恪守誠信，相信誠信之火定能成燎原之勢，到那時和諧的人際關係何愁不能建立！

防人之心固然不可無，但也不必處處設防，總是用一種懷疑的眼光來看人，這樣的猜疑必將成為人際關係中的暗礁。

心理學小祕訣

良好的人際關係可以緩解心理壓力，促進心理健康，而不好的人際關係，卻會很容易讓人產生心理障礙。因為人是屬於社會性的動物，人之所以成為人，就是因為人具有社會性。而社會性就要求人要進行交際，因此人際關係尤其是同事間的和睦相處，對人來說是非常重要的。

對異性同事傾訴的益處

當人們心中有了煩惱時，常常希望能夠傾訴出來，好友的勸告與撫慰，有助於使煩惱煙消雲散。此時，傾訴也許並非期望尋求什麼辦法，解決什麼問題，而主要是為了滿足情感表達的需求，滿足心靈慰藉的需求。所以，此時傾訴者往往不是尋求一個好參謀，而是想找一個好聽眾。

那麼，同性與異性相比誰是更好的聽眾呢？當然是異性。這是因為，第一，兩性心理有「異性相吸」作用。為什麼要男女相伴走過一生？這除了繁衍生息的需要外，也是個體發展的需要，其中很大程度是心理發展的需要。異性朋友之間的交際當然不同於夫妻或情人之間的性交際，但由於對方是異性，當事人便比較容易緩解內心因苦惱造成的緊張和焦慮。這也是人際關係中異性朋友的功能之一。

第二，兩性性格有「互補」作用。心理學家發現，在人際關係中有一個「互補性」原則，男女雙方的個性存在相反的差異時，往往相互吸引。一般說來，男人的剛毅和女性的溫柔正好可以互補，給苦惱中的異性朋友以慰藉。

第三，兩性交際有「異類群體」作用。人們常常願意在自己同類群體之外的交際對象那裡打開自己的心扉。比如：人們往往對外公司的人、外地人甚至陌生的人更容易袒露自己的內心世界，這是情感交際的特點所致，異類群體中的人相對來說安全係數比較高一些。兩性各自分屬不同的性別群體，因而也就比向同性袒露心跡更為安全些。按說夫妻也是異性，也可以滿足上述條件，可為什麼人們有煩惱時仍願意向配偶之外的異性朋友傾訴呢？首先，異性朋友比夫妻有更大的相似性。雖說人們常用「心心相印」來形容夫妻關係，可是，現實的婚姻中由於家庭、教育、職業、閱歷等諸多原因，常會導致夫妻在興趣愛好、個性特徵、文化素養、價值觀念等方面存在較大差異。而朋友則不同，異性朋友之間的相似性使他們在各方面更容易相互溝通。

第四，異性朋友與配偶相比有較大的新異性。求新求異是人的天性。夫妻之間長時間共同生活在一起，容易磨滅彼此之間的新鮮感，削弱了新異性。而朋友之間，無論交際多密切，相互之間也有一種「外人」的意識，這使朋友之間能保持心靈感應的敏銳度和彼此的熱情，也會對異性訴說的苦惱給予更多的關注。

第五，異性朋友可以滿足兩性感情的彌散性需求。婚姻要求夫妻感情的專一性，可兩性感情有其彌散性的一面。

心理學小祕訣

人是高級動物，既有自然屬性，又有社會屬性，人的活動必須受社會規範的制約。而異性朋友之間的感情體驗，既沒有違反社會道德，也可以滿足人們對兩性感情彌散性的需求。

不要得罪「懶」同事

某大學進化生物研究小組對螞蟻進行研究。他們對三組分別由三十隻螞蟻組成的黑蟻群的活動進行觀察後發現，大多數的螞蟻都是非常辛勤的，牠們忙忙碌碌的尋找食物，找到食物之後就急急忙忙的搬運儲藏起來。

在這部分蟻群裡，還有幾隻螞蟻非常奇怪，牠們和夥伴們完全不同，牠們什麼都不做，的確是螞蟻隊伍裡的「懶螞蟻」。可是，一個驚人的現象出現了，研究者們發現，這些懶螞蟻並不像牠們的外表顯示出來的那麼「無所事事」，牠們在非常時期能夠發揮出重大的作用。研究者們發現，突然出現蟻群斷絕食物來源的時候，那些平時辛辛苦苦搬運糧食的螞蟻頓時失去了方向感，牠們不知道怎麼辦了，這時是懶螞蟻大顯身手的時候了。這幾隻懶螞蟻，可以帶領眾螞蟻向牠們早已偵察到的安全食物源轉移。

原來，懶螞蟻把大部分時間都花在「偵察」和「研究」上了。牠們在這個蟻群中的作用是非常巨大的，只不過牠們沒有跟著大家的步伐走而已，牠們暗自觀察著組織的薄弱之處，保持對新食物的探索狀態，在危急時刻，發揮著重大的作用。

在職場工作中也是如此，有沒有發現自己的周圍總有幾個「懶」得出奇的同事，每天日上三竿的時候來上班，似乎並沒有職業上的危機感，也不擔心會被開除，逍遙的行走於職場。這會不會讓你感到非常費解？或者你會不會想，我是不是也可以這樣？看了下面的案例，你就不再有疑問了。

張小風是一個非常上進的銷售人員，他在公司裡的表現有目共睹。有一次，他連續三個月給公司搞定幾五十萬元的訂單。

平時，張小風就把自己全部的精力都用到了工作上，他從來不關心同事的「八卦」隱私，也不關心其他人的心情，一心想把自己的業績提高上去。他最不喜歡部門裡的一些同事，上班的時候上網，也沒什麼追求。

張小風尤其不喜歡鄭嵐，這個女同事簡直令他鄙視，居然一整天不給客戶打一個電話，大模大樣的在辦公室裡看韓劇，有一次居然還帶著爆米花來公司。上班的時候，「咯吱吱」的聲音讓張小風覺得很煩。

張小風從來不和鄭嵐接觸，他也不想管別人的事情，他只用實力說話。由於做出了良好的業績，上司給了他提升的空間，讓他管理一個部門。張小風知道，這是上司管理層的重用。他不想讓看重他的人失望，同時，他也認為作為上司，就不能和以前一樣，不關心別人，要管理自己手下每一個人的發展情況。

於是，鄭嵐首當其衝的被列入張小風考慮的開除人員名單。在張小風看來，不積極進取的人就不能待在部門裡。他喜歡的員工，包括他自己，都是兢兢業業務實派的作風。他開始在上層和上司交流的時候，滲透自己想開除鄭嵐的想法。

張小風希望能夠得到上司的支持，因為畢竟鄭嵐是從公司開業就一直待在公司裡的老員工，沒有上司的支持，他缺乏底氣。可是，每一次提起這件事的時候，上司都微笑不語，他內心暗暗納悶，為什麼上司一直非常支持自己的很多決定，唯獨對這件事情持有保留態度。

他耐心的又對鄭嵐觀察了一段時間，得出的結論是，鄭嵐的確屬於混日子的類型，於是張小風決定，只要時機成熟，就一定會堅持開除鄭嵐。可是，鄭嵐並沒有被開除，經歷了一個突發事件之後，張小風徹底知道自己犯的錯誤有多嚴重。

公司的產品進入了銷售淡季，可是，由於鄭嵐的個人原因，她的親戚是對口的採購人員，於是進行了一次大規模的採購。短短的兩個星期，鄭嵐給公司帶來了五百萬元的經濟收入，足以抵得上張小風整個團隊的季度銷售額。

原來，這個「懶」員工對公司的發展居然達到了如此重要的作用！

你可能會認為這是不是偶然的，鄭嵐付出的比張小風少，拿的比張小風多。其實，沒有偶然的偶然，想要長期發展的人必須把自己的心態擺正，應該允許自己的同事有獨特的放鬆方式，即使有出格的地方，也不必氣惱並除之而後快。哪怕自己是上司，也不要用苛刻的尺子衡量別人，即使內心是這樣的，表面上也要裝得寬厚可親，上司也照樣有得罪不起的人。如果得罪了不該得罪的人，員工將對其的不滿報復到公司，麻煩的還是自己。

所以，任何時候不要輕易得罪你認為不重要的人，做好自己應該做的事，這才是對自己最安全的保護。

心理學小祕訣

如果你的周圍有貌似應該被開除的同事，但是偏偏沒有人開除他，一定要在心理上重視這個人。再無能的上司也不會把薪資給一個沒有價值的人，千萬不要得罪他。因為你不知道在一張簡單的臉孔背後會和公司有著怎樣錯綜複雜的利益關係。一個看起來一無是處的人，只要能安安穩穩坐在自己的位子上，一定有過人之處。

怎樣與各種類型的同事打交道

每一個人都有自己獨特的生活方式與性格。在公司裡，總有些人是不易打交道的，比如傲慢的人、死板的人、自尊心過強的人等。你必須因人而異，採取不同的交際策略。

下面列舉了一些常見類型的同事，並提出與他們打交道的原則和技巧。

怎樣應對過於傲慢的同事？與性格高傲、舉止無禮、出言不遜的同事打交道難免使人產生不快，但有些時候你必須要和他們接觸。這時，你不妨採取這樣的措施：其一，盡量減少與他相處的時間。在和他相處的有限時間裡，你盡量充分表達自己的意見，不給他表現傲慢的機會。其二，交談言簡意賅。盡量用短句子來清楚的說明你的來意和要求。

給對方一個乾脆俐落的印象，也使他難以施展傲氣，即使想擺架子也擺不了。

怎樣應對過於死板的同事？與這一類人打交道，你不必在意他的冷面孔。相反，應該熱情洋溢，以你的熱情來化解他的冷漠，並仔細觀察他的言行舉止，尋找出他感興趣的問題和比較關心的事進行交流。

與過於死板的同事打交道，你一定要有耐心，不要急於求成，只要你和他有了共同的話題，相信他的那種死板會蕩然無存，而且會表現出少有的熱情。這樣一來，就可以建立比較和諧的關係了。

怎樣應對好勝的同事？有些同事狂妄自大，喜歡炫耀，總是把握時機表現自我，力求顯示出高人一等的樣子，在各個方面都好占上風。對於這種人，許多人雖是看不慣的，但為了不傷和氣，總是時時刻刻的謙讓著他。

可是在有些情況下，你的遷就忍讓，他卻會當做是一種軟弱，反而更不尊重你，或者瞧不起你。對這種人，你要在適當時機挫其銳氣，使他知道，山外有山，人外有人，不要不知道天高地厚。

怎樣應對城府較深的同事？

這種人對事物不缺乏見解，但是不到萬不得已，或者水到渠成的時候，他絕不輕易表達自己的意見。這種人在和別人交際時，一般都工於心計，總是把真面目隱藏起來，希望更多的了解對方，從而能在交際中處於主動的地位，周旋在各種矛盾中而立於不敗之地。

和這種人打交道，你一定要有所防範，不要讓他完全掌握你的全部祕密和底細，更不要為他所利用，從而陷入他的圈套之中而不能自拔。

怎樣應對口蜜腹劍的同事？口蜜腹劍的人，「明是一盆火，暗是一把刀」。碰到這樣的同事，最好的應對方式是敬而遠之，能避就避，能躲就躲。如果在辦公室裡這種人打算親近你，你應該找一個理由想辦法避開，盡量不要和他一起做事，實在分不開，不妨每天記下工作日誌，為日後應對做好準備。

怎樣應對急性子的同事？遇上性情急躁的同事，你的頭腦一定要保持冷靜，對他的莽撞，你完全可以採用寬容的態度，一笑置之，盡量避免爭吵。怎樣應對刻薄的同事？刻薄的人在與人發生爭執時好揭人短，且不留餘地和情面。他們慣常冷言冷語，挖人隱私，常以取笑別人為樂，行為離譜，不講道德，無理攪三分，有理不讓人。他們會讓得罪自己的人在眾人面前丟盡面子，在同事中抬不起頭。

碰到這樣一位同事，你要與他拉開距離，盡量不去招惹他。吃一點小虧，聽到一兩句閒話，也應裝作沒聽見，不惱不怒，與他保持相對的距離。

心理學小祕訣

人謀求生存與發展，所要依靠的有兩種能力，一種是專業技術能力，一種是在社會上的做事能力。如何去編織自己廣闊的人脈，如何處理各種複雜的社會關係，如何與各種人交際，從而使自己可以在複雜的人際關係中辦好每一件事，這是一個人綜合素養的集中展現。

與同事相處需要注意的事項

（1）無論發生什麼事情，都要首先想到自己是不是做錯了。如果自己沒錯（那是不可能的），那麼就站在對方的角度，體驗一下對方的感覺。

（2）讓自己去適應環境，因為環境永遠不會來適應你。即使這是一個非常非常痛苦的過程。

（3）大方一點。不會大方就學大方一點。如果大方真的會讓你很心疼，那就裝大方一點。

（4）低調一點，低調一點，再低調一點。要比臨時工還要低調，可能在別人眼中，你還不如一個做了幾年的臨時工呢！

（5）嘴要甜，平常不要吝惜你的喝彩聲。要會誇獎人。好的誇獎，會讓人產生愉悅感，但不要過頭到令人反感噁心的程度。

（6）如果你覺得最近一段時間工作順利得不得了，那你就要加小心了。

（7）有禮貌。打招呼時要看著對方的眼睛。以長輩的稱呼和年紀大的人溝通，因為你就是不折不扣的菜鳥。

（8）少說多做。言多必失，人多的場合少說話。

（9）不要把別人對你的幫助視為理所當然，要知道感恩。

（10）志存高遠，但不要張揚。

（11）遵守時間，但不要期望別人也遵守時間。

（12）信守諾言，但不要輕易許諾。更不要把別人對你的承諾一直記在心上並信以為真。

（13）不要向同事借錢，如果借了，那麼一定要準時還。

（14）不要借錢給同事，如果不得不借，那麼就當送給他好了。

（15）不要推脫責任。即使是別人的責任，偶爾承擔一次你也不會死的。

（16）在一個同事的後面不要說另一個同事的壞話。要堅持在背後說別人好話，別擔心好話傳不到當事人耳朵裡。如果有人在你面前說某人壞話時，你要微笑。

（17）避免和同事公開對立，包括公開提出反對意見，激烈的更不可取。

（18）經常幫助別人，但是不能讓被幫的人覺得理所應當。

（19）說實話會讓你倒大楣。

（20）對事不對人。對事無情，對人要有情；做人第一，做事其次。

（21）經常檢查自己是不是又自負了，又驕傲了，又看不起別人了。即使你有通天之才，沒有別人的合作和幫助也是白搭。

(22) 忍耐是人生的必修課。要忍耐一生的啊，有的人一輩子到死這門功課也不及格！

(23) 新到一個地方，不要急於融入到其中哪個圈子裡去。等到了一定的時間，屬於你的那個圈子會自動接納你。

(24) 有一顆平常心。沒什麼大不了的，好事要往壞處想，壞事要往好處想。

(25) 盡量不要發生辦公室戀情，如果實在避免不了，那就在辦公室避免任何形式的身體接觸，包括眼神。

(26) 會「拍馬屁」，但小心不要弄髒你的手。

(27) 資歷非常重要。不要和老傢伙們耍心眼鬥法，否則你會死得很難看。

(28) 好心有時不會有好結果，但不能因此而灰心。

(29) 待上以敬，待下以寬。

(30) 如果你帶領一個團隊，在總結工作時要把錯誤都攬在自己身上，把功勞都記在下屬身。當上司和下屬同時在場時，要記得及時表揚你的下屬。批評人的時候，一定要在只有你們兩個人的情況下才能進行。

心理學小祕訣

我們不能說一個具有良好人品的人就一定擁有良好的人緣，但我們可以肯定的是，一個道德素養低下，人品低劣的人絕對不會擁有好人緣。俗話說：物以類聚、人以群分。一個正常的人，誰願意與人品低下的人為伍呢?所以，人品好壞是決定人緣好壞的決定性因素，當然，還必須注意人際關係中的諸多事項。

要在企業文化中與同事相處

公司的文化是一個公司所有員工行動的指南，是「成員所共有的價值觀、共通的觀念、意見決定的方法，以及共通的行為模式之總和」。人們新到一家公司，通常要做的不是按照自己的想法和意願來大刀闊斧的改造它，而是首先來了解一下這家公司的企業文化，審視一下哪些是合理的，哪些不合理，對於合理的自己是否能夠適應它，而對於不合理的是否有能力去改變它，掌握與同事相處技巧的第一步就是對於企業文化的認同。這是一種絕大多數的公司員工都遵守的一種行為方式，如果你不去遵守，就會顯得鶴立獨行而不被同事們所接納，何談建立良好的人際關係。

公司的文化多種多樣，極端的講，人們習慣把它分為積極向上的、有朝氣的、開放的，還是消極的、憂鬱的、閉塞的，是關聯式導向的還是工作目標型導向的幾類。其實，絕大多數的公司都能夠表現出以上完全對立的幾種不同的性質，是一個矛盾的結合體，在某一個方面表現的是非常積極的，而在另外一個方面的表現卻完全相反。這就需要我們運用自己的智慧去綜合考慮，做出整體上的一個基本判斷。

比如在一個以人際關係為導向型的公司裡面，就不能在工作上表現的太過於張揚，而應該首先把主要精力放在人際關係的構築上，在這基礎上再考慮怎樣把工作做好，怎樣讓自己的主管滿意。而在一個以工作目標為導向的組織裡，如果你把主要的精力都放在了人際上面，就會被同事和主管視為不務正業而遭到排斥。同樣，在一個企業文化比較開放的公司裡面，自己要表現出開放的一面，而在一個以消極閉塞為主導的公司裡面表現得過於開放，就非常容易成為別人攻擊的對象。

在一個公司裡面經常會存在這樣比較奇怪的現象，兩個在開會的時候吵得面紅耳赤的同事，卻在私下裡同屬於一種非正式組織的成員，而且關係非常要好，經常在一起打球娛樂、喝茶聊天。這就是一種很好的把公司事物和個人事物分開考慮的例子。

人們在工作的實際中往往會得出這樣的結論：在工作中堅持原則、嚴於律己的員工，較那些充當和事佬角色的員工更容易得到來自公司內部的尊重與理解，更容易獲得同事的支持與協作。當然，這更多的是指公事，是為了達到公司存在願景而與同事共同努力的過程。反之，如果在下班和公司同事們一起出去喝茶聊天時，還繼續表現出在工作中的那種嚴厲與刻薄時，就會顯得不合時宜，往往會招來別人的不滿與責難，進而影響到同事們在工作中對你的態度，間接的帶來了負面影響。

我們應該懂得，當一位同事遲到讓客戶等候了五分鐘，你有足夠的理由去批評他的時候，你也應該意識到，如果是參加一個私人酒會他遲到五分鐘的時候，你更應該表現出的是寬容與隨和的一面。在工作中，競爭合作與休閒時的輕鬆愜意，是人們應該遵循的理想同事關係。

我們現在所處的是一個高度變化的時期，全球經濟一體化的車輪正以無法阻擋的趨勢滾滾前行，客觀環境要求人們要以更加開放、更加包容的心態去審視和對待所面臨的新鮮事物。在一個公司裡面，經常會看到不同膚色，操著不同口音的人們在一個部門裡工作。尤其在一個跨國公司裡面，即使在一個有著悠久歷史文化的古老國度裡，英語也正逐漸的有取代而成為通用語言的趨勢。隨著高等教育的不斷普及，來自不同地區、不同專業的畢業生從事同一工作的情況也變得非常普通。在這種情況下，對於處理好和同事的關係就提出了更高層次的要求。

在一個比較大的公司裡面，同事可能有成百上千，但其中肯定在每一個部門中有和你接觸最多、聯繫最緊密的同事存在，我們把他稱為主要同事。人們對主要同事文化背景了解的多少，在某種意義上決定了是否可以和他建立良好人際關係。

「文化是一個複雜的總體，包括知識、信仰、藝術、道德、法律、風俗，以及人類在社會裡所得的一切能力與習慣」。人們通常對一個人文化背景的了解，更多的傾向於人的性格方面的理解，比如一提到蒙古人，人們腦子中首先浮現出的是性格豪爽，高大威猛的形象。其實文化背景所反映出的遠遠不止這些可以表現出來的性格方面的要素。文化應該是對整個客觀事物接收，然後運用自己的邏輯思維方式進行加工再做出反映的一個過程，所以人們經常會看到，對於同樣一種事物，來自不同地區、不同國家的人做出的判斷截然不同。

了解了一個主要同事的文化背景，我們就可以對他的做事方式、行為原則做出一個最基本的判斷，從而為和他繼續相處，共同創建和諧的人際關係提供一個最起碼的保障。

一個人的同事無論是多還是少，但其中肯定會存在一個能夠成為類似「普通朋友的同」，這類人通常不會是和自己存在某種直接的或者間接利害衝突的，是游離於主要同事之外的同事，可能會因為共同的興趣愛好而關係變得非常親密。透過和他們的交際，人們往往會得到一些有關公司的非常有用的資訊，而這些資訊一般來說從正式的管道是得不到的，它可以為我們與主要同事良好關係的建立提供有利的背景資料。

同時，技巧的培養也同樣是不可或缺的。熱情讚賞別人、讓同事一起分享您的成功、主動承擔同事失誤的責任，等等，在職場實踐中都是能夠獲得別人良好印象的行之有效方法。

心理學小祕訣

與人相處是門學問，與屬於特定人群的同事相處更是如此。其中包含科學的成分，但更多的卻能顯現出心理層面的特徵。對於處理好同事關係，掌握與其相處的一些心理學技巧，可以幫助我們對客觀實際情況做出綜合的分析和判斷。

借助星座說與同事相處

世界太大了，人類的認識如此有限，對於自己認識為零的部分，輕易否定是不明智的。在這方面，「十二星座說」所提供的資訊，可以從一個特殊的角度幫助我們認識人與人之間的關係，並對我們有所啟示。

白羊座同事：白羊座同事通常蠻好相處的，他們很喜歡參加各種活動，不論是公司裡的社團或是員工旅遊，都少不了他們的身影。此外，他們也樂於自己舉辦各種聚會，就算是新進人員，也能很快的和大家打成一片。可以說只要有他們在場，四周就會充滿刺激與快樂的氣氛。白羊座的人很好強，有點個人英雄主義，喜歡突出自我，在團隊中有時難免有點刺眼。不過他們樂觀進取的精神的確有激勵士氣的作用，特別是在遇到困難時，他們會毫不考慮的捲起袖子迎向挑戰，同伴也會在不知不覺中受到他們的影響而活躍起來。

金牛座同事：金牛座的同事很溫和，但骨子裡終究是牛，所以和他們討論事情時最好以理服人，態度不要太強硬。基本上金牛同事頭腦很清楚，凡事考慮的很周詳，雖然固執，只要同伴能夠有條有理的說明自己的論點，提出有力的證據支援，還是可以讓他們讓步，但是一旦激起牛脾氣，就很難再讓他們改變主意了。同樣是「慢郎中」的處女座可能是最了解他們心情的人，而務實堅毅的摩羯座應該可以和他們合作愉快。萬一得罪了金牛同事該怎麼辦呢？老實道歉是最好的辦法，通常他們還蠻寬容大量。萬一得罪的是條固執牛，無論如何也不願意握手言和的話，那就乾脆忘了他吧。除了等他自己回心轉意，誰也無法改變現狀。不過幸好金牛座的人個性比較穩重，所以不會表現得太有敵意或故意讓人好看，所以威脅性也比較低。

雙子座同事：雙子座的同事雖然很好相處，但是也很善變難測，可能剛剛還在說笑話，沒過多久就變成一副死魚臉。不過他們基本上非常冷靜，是理智多於情緒的人，凡事都是以邏輯來推算，不會意氣用事，也不會期望同伴照顧他們的感覺和情緒。雙子座的創意和活力會使夥伴們的精神振奮，更快樂的面對工作。他們不會壓迫別人，什麼事都好商量，而且適應力很強，和什麼人都可以處得很好。他們喜歡用遊戲般的方式工作，不喜歡一板一眼的行動，而且對溝通及創意方面的事務特別有才能。和雙子座的人一起工作要小心的是他們沒什麼耐心，不適合處理繁瑣或要花很長時間的事，而且他們的責任感有點不足，遇到麻煩事很可能會溜之大吉。在覺得有趣的工作上會很專注，但對討厭的事就突然變得完全沒有行為能力。另外他們很容易說大話，雖然不是故意的，還是會給大家帶來一些困擾。

巨蟹座同事：巨蟹座的同事通常都很親切溫和，有時還很有媽媽的味道，會噓寒問暖。他們的個性有點害羞，喜歡在辦公室營造家的感覺，關心別人也需要別人的關心，在和諧的氣氛裡會更有工作效率。和巨蟹座共事時，一定要了解他們是非常重視家庭的人，所以盡量不要延長開會的時間，非不得已不要要求他們加班。他們是很盡責的夥伴，但是絕對不願為了工作而犧牲和家人共處的時間。巨蟹座的人做事自有一套方法，不喜歡別人干涉，而且不是很能承受時間壓力，所以最好不要常常去盯他們的進度，或根本不要讓他們負責非常需要時效性的事。此外就算心裡急，也千萬不要用粗暴或強勢的態度催促他們，這樣只會讓敏感的巨蟹覺得受傷或憤怒。雖然巨蟹座有時會因為鬧脾氣而影響工作，但基本上是很負責的人，只要了解他們的個性，注意溝通相處的模式，還是可以愉快共事的。

獅子座同事：獅子座的同事個性非常開朗熱情，外表總是打點得光鮮亮麗，而且很喜歡交際應酬，愛開玩笑，愛湊熱鬧，不管和誰都混得很熟。不過他們不是只會玩而已，工作表現也是第一流的，往往一開始工作就沒日沒夜，非把事情做到最好不可。基本上他們可說是辦正經事和耍寶起鬨一樣在行的生物，和他們相處時通都會發掘出許多樂趣。獅子座同事多半是慷慨大方，不愛計較的人，而且心腸很軟，無法拒絕別人的請求，所以常常成為別人求助的對象。他們待人處事一向光明正大，表裡如一，絕對不會耍計謀，也不會在背後說別人壞話，和別人起爭執的時候也是直來直往的發脾氣，不會記恨或暗算別人。而且他們是很寬宏大量的，只要對方願意道歉，通常他們都會原諒對方，甚至對自己的脾氣感到抱歉。

處女座同事：處女座的同事最大的優點就是謹慎冷靜，凡事都能處理得很完美。他們總是按時上下班，而在上班時間裡總是埋頭苦幹，很少參與辦公室裡的閒聊。雖然他們的個性很溫和也很好相處，但是因為比較保守，不喜歡複雜的事物，所以很少參加甚至問到和自己工作無關的事情，只希望維持規律的生活作息。處女座的同事很負責，理解力很強，而且樂於助人，所以和他們共事蠻容易的。不過就算他們的確值得信任，自己的事還是要自己做好，不能太依賴他們，否則他們不會幫忙。雖然他們不會命令別人，但是因為求好心切，所以常常會給合作夥伴許意見或批評。

天秤座同事：天秤座同事的言談舉止總是斯文優雅，服裝也很有品味的樣子，讓人一看就很有好感。他們是辦公室裡最好相處的人，因為他們待人處事非常圓滑，不但自己很少招惹別人，更擅長協調同仁之間的爭端。要和天秤座同事合作愉快的話，需要記得幾個原則。因為他們很敏感，所以對胡鬧或爭吵之類的事情很感冒，雖然他們面帶微笑的調停是非，但絕對不喜歡置身在這些混亂中。和他們溝通最好的方法是保持冷靜好好說，他們會很樂意聽別人的看法，要是想用音量或氣勢壓倒他們，只會讓他們心裡暗暗不滿。天秤同事另一個毛病是有時會猶豫不決，這時身為夥伴的人就要適時提供意見，不管有沒有用，他們一定會認真考慮。讓他們做決定的好處是公平，最後的結論一定會對大家都有利，麻煩就是可能要花很多時間。所以在開始合作的時候就不妨看看整個團隊的情況，再決定是否要讓他們負責決策。

天蠍座同事：天蠍同事平時看來安靜，不愛說話也不愛交際，好像對別人一點興趣也沒有。其實他們一點也不冷漠，對於沒有深交的人都會保持一段安全距離。他們的內心是充滿熱情的，只是平常掩飾得很好而已，一旦誰能爭取到他們的信任，就能得到他們全心全意的支持。只要了解並尊重彼此不同的性格，天蠍同事並不是難以相處的人。他們對自己喜歡或認識很久的人會比較信任，而且願意全力支持對方，在工作或私人關係上都能成為好夥伴。

射手座同事：射手同事的優點是熱情開朗，知識豐富，總是用樂觀的心態來面對人與事。當他喜歡這份工作時就會非常投入，工作效率很高，連續幾天幾夜努力沒有得到相應報酬，他們就會變得很洩氣，沒什麼工作情緒。另外就是他們比較隨興，認真的時候是很認真，可是混的時候也很混，根本不在乎什麼進度不進度的，所以他們的工作夥伴一定要盯緊進度，提醒他們該動一動，不過也不能三天兩頭的催他們，否則萬一把他們逼急了，反而可能讓他們覺得你存心跟他們過不去。總之要和射手同事相處愉快就是要坦承以對，以靜制動，多記得他們的優點，沒事跟他們吃吃飯，哈拉一頓，都有助於建立良好的合作關係。

摩羯座同事：摩羯同事基本上是誠實可靠，責任心很強的人，雖然動作慢了點，但品質絕對沒有問題。他們的外表看來不太起眼，但認真工作的他們，卻渾身散發著光彩。基本上，摩羯同事剛開始會跟你保持一定距離，一旦深交後，你們將可成為彼此鼓勵，一起努力向上的夥伴，不過，對愛玩的人而言，摩羯同事可能令人感到有些乏味。

水瓶座同事：水瓶同事的特徵就是語不驚人死不休，凡事按自己的步調行事。他們並不是故意特立獨行，只是習慣保有自己的風格，不喜歡受外在環境影響拘束。與水瓶同事合作是蠻愉快的事，因為他們很重視自由和平等的精神，不會試圖控制別人，所以彼此都能有自己空間發揮所長。他們的分析能力很強，學習精神旺盛，對於感興趣的工作很有熱忱，而且常常能夠提供更有效的處理方法。不過水瓶座的人不喜歡一成不變的事，對枯燥無味的工作毫無興趣，所以一旦非做這些事不可，就會變得抱怨連連，甚至有意無意的把事情搞砸。他們很忠於自己，換個角度說也是很任性，所以對自己沒興趣的事就沒什麼意願去做。另外他們不太樂意承受工作壓力，常常遇到壓力就反抗。不過他們最大的毛病還是拖延，因為他們非要經過仔細的思考才能做決定，所以不輕易答應什麼事，總是會說要再考慮看看。

雙魚座同事：雙魚同事個性溫和，有幽默感，為人大方，不太會拒絕別人，而且包容性很大，能夠接受別人的缺點，也不會試圖要別人遷就自己。他們可以和別人處得很好，但也喜歡自己獨處，雖然比較情緒化，卻也很少打攪別人。善良的他們總是盡量在人前表現出一副愉快的樣子，為大家帶來快樂的氣息。要和雙魚同事合作愉快的話，最好請他們負責有創意又有變化的工作，他們就會充滿幹勁的全心投入。和他們溝通時要保持委婉的語調，盡量和顏悅色，不要表現得太強勢。此外最好幫他們盯住進度，適時提醒他們該加快步伐了，但是不要因此給他們太大的壓力，否則反而會讓他們產生反抗或逃避的心態。雙魚同事有時會有點依賴心，但是他們沒有野心，而且很願意幫助別人，並且總會盡力在期限內完成工作。

心理學小祕訣

人生的所有迷惑都來源於不明真相，真正具有智慧的人可以超越世間萬象的束縛。這種超越的力量並不是因為人具有某些超自然的能力，而是在了解何以如此之後學會接受，並且不是被動的受本能驅使「應驗」宿命。

入職新人如何與老同事相處

新入職的人員在剛進入一個企業後，首先面對的問題就是如何適應環境以及和同事相處。如果遇到那些隨和、大方、平易近人的同事，自然就會很好相處，但是不可能公司中的每個人都如此。

那麼如果遇到一些倚老賣老、處處干涉的同事該怎麼辦呢？如果是新上任的主管遇到這樣的下屬又該怎麼辦呢？用以下幾個方法去應對這種老同事效果比較顯著。

第一，尊重方為上策。那些老同事一般是在組織中的資歷比較深、經驗也比較豐富，但卻沒有被提拔上去的人。這樣的人無非就是過度的吹噓自己，但是其手中還是握有一定的籌碼，所以才有個別老同事敢這樣以老賣老。比如：他們往往因為在實務上具備有一定的經驗和能力，成為部門中的意見領袖，但是由於缺乏領導特質或者是大的視野而不能得以升遷。

作為一個新職員，這時的當務之急就是要盡快融入到部門當中，盡快去適應企業的文化和環境。所以新入職人員要學會換個角度去看那些老同事，發掘並學習其優點，並將這些優點複製成自己的優點。

如果這位老同事實在是干涉太多，並且他的看法與主管和你的看法相差甚遠時，也千萬不要與他發生正面衝突，因為這樣的人通常都很愛面子，給他留面子、給予他充分的尊重才是上策。新人只要在表面上顯示出對其服從的態度即可，仍然可以做自己認為正確的事情，因為批准的人是主管而不是他。

第二，逆向操作善加運用。新入職人員要嚴格遵守職場倫理，不能與老同事發生正面的衝突。其實無論老同事如何擺資格，都值得新人去好好看齊和學習。因為新人可以從老同事身上學習到從不同的角度去看事情，這將能幫助新人鍛鍊其思考能力和判斷能力。

就主管而言，這樣的老下屬通常喜歡被新主管「垂詢」，主管應借重老同事愛表現的人格特質，了解新部門每位部屬的態勢。借助老同事的經驗，新主管才得以盡快掌握全域、了解團隊，並建立主管地位。

主管可以利用投票的方式，在會議中製造建設性的衝突，老同事若有不同的意見，就得說服大家；或是減少請教老同事意見的機會，讓團隊的力量顯現；也可以建立重視「專業」的文化，強調「績效管理」與數位等個人表現，讓他明白主管衡量能力的重點在於專業，沒有表現一切免談，才能對他有所約束。

人的緣分很奇妙，常常「不打不相識」。主管如果覺得這個倚老部屬其實還是可取的，只是因為一些盲點而錯失升遷機會，不妨真心的拉他一把，或偶爾指點他一下，讓他更願意為團隊效力。

心理學小祕訣

滿足虛榮心是人的共通性。在一個新的環境中，和同事做好關係將會有助於自己盡快熟悉環境並盡快融入到組織中。如果真是遇到了這種老同事，一定要以尊重為上策，盡可能多跟他學習知識，快速提高自己能力。

祕書與同事相處的藝術

辦公室工作是一個整體，每位祕書所承擔的工作，都是辦公室工作的有機組成部分。如果同事間關係不融洽，工作上相互推諉、摩擦、內耗嚴重，生活上漠不關心，甚至積怨成仇，是絕不可能把工作做好的，這既不利於個人成長，更有損辦公室和公司的形象。

為此，祕書應從以下幾個方面人手，努力協調好同事間的關係。第一，共同培養親善友好的工作氛圍。

辦公室內部氣氛友善，同事間就容易協調連動、配合默契，也就容易做出成績。為此，每位祕書都要從自己做起，共同為辦公室創造和諧、融洽的氛圍。比如：上班道聲好，下班打個招呼。困難時幫個忙，煩心時解個悶，痛苦時訴個苦，高興時聚一聚。這些，乍看之下都是小事一樁，似不值一提，孰不知它能在隻言片語中，改善同事間的關係。此外，還要尊重同事的自尊心，莫議論同事的是非。對同事的長處，在大眾場合要多稱讚；對同事的短處，不論公開還是私下都不要論長道短、亂發議論。背地多誇贊同事的優點，少講或不講同事的缺點，是一個辦公室友善氛圍的基礎。

第二，工作中不拈輕怕重。祕書工作的被動性和隨機性，決定了同事間難以公平的分配任務。面對主管交辦且難易程度不同的工作時，切莫挑三揀四。不能見「髒、累、差、難」的工作就甩給同事，見輕鬆、舒適、出名露臉的工作就搶奪過來。你投機取巧，同事苦幹實幹，久而久之，同事們就不願與你合作。同事間無論做什麼工作都要不怕吃苦，捨得出力，只有這樣才能贏得同事的敬重。同時，合作上還要誠實，一就是一，二就是二，是你的工作或責任就要承擔，不能推卸或栽贓給同事。只有共事合作，才能使你和同事各有收穫；貌合神離，心懷他意，玩手段坑害同事，只能被主管和同事厭棄，最後眾叛親離，自食惡果。第三，生活上要互相關心。生活中，誰都可能遇到波折和困難，你可以設身處地做一假想：你遇到意外打擊，同事對此不聞不問，本可幫你擺脫困境而不援手，本可幫你免除痛苦而不支持，你肯定會對同事間的友誼心灰意冷。所以，同事間一定要情真心誠的相互關心、幫助，特別是在同事危難之時，要伸出援助之手，扶持一把。比如：同事有病，身體不好，工作上盡量照顧；同事家裡發生了不幸，要給予精神上的慰問和物質上的接濟。一個情真心誠的人，會得到更多的真情。

第四，榮譽面前得讓有據。協調合作使工作取得了一些成績，在榮譽面前，「得」就要同事心服口服，「讓」就不要覬覦同事的成果。所取得的成績中，如有同事的合作或幫助，就不要獨占成績，貪同事之功。同事取得的成績中，你沒有貢獻或只有很少的幫助，就不要去爭功勞，搶榮譽，更不要私下向同事索要報答。禮讓、大度是與同事和睦相處的關鍵，對成績的取得，主管和同事心中自有評判，是你的終歸是你的，不是你的爭搶的結果只能使自己一無所獲、名譽掃地。

第五，不吹噓、炫耀自己的工作能力。

同事中，工作能力總會有大有小，術業也有專攻。在某一方面你可能比同事強些，但另一方面，你又可能比同事弱些。千萬不能恃仗自己的強項，自高自大，小視工作能力稍弱的同事，否則，你就會失去更多的同事，也就推開了他們的合作和幫助，置自己於孤立無援的境地。更不要在同事面前吹噓主管的表揚和誇讚，過多炫耀自己。這樣同事會認為你有意抬高自己，輕視或貶低他人。

第六，嚴於律己、寬以待人。工作中出現一些失誤是難免的，同事間因工作方式方法產生分歧、爭論，甚至爭吵也是正常的。出現爭吵時，祕書要控制自己的情緒，嚴格要求自己，寬容對待同事。即便同事失言，對工作和團結造成了損失，出於關心和幫助而必須說幾句話時，也要點到為止，讓同事自己領悟，而不要反覆說教，否則，易引起同事的反感。對於同事工作上的過失，只要不違反原則，就不要苛求，而應友善的幫助和提醒；切忌以挑剔同事的過失來抬高自己，把失誤彌補過來，這才是祕書應有的職業道德。

第七，及時化解同事間的矛盾。同事間出現矛盾和誤解要及時消除，絕不能拖延和擱置，讓矛盾和摩擦發展、惡化，否則極不利於團結。同事對自己有誤解時，要採取合適的方式方法，迅速向對方說明和解釋，如自己不方便說明或不易解釋清楚時，要請其他同事從中斡旋，做出誠心和解的姿態。如確是自己的過錯，就要及時賠禮道歉。若屬於同事的過錯，要盡可能的諒解，切莫得理不饒人。實在想不通的，要開誠布公的找同事談，而不能伺機報復。只有光明磊落，才有利於相互理解，消除誤會。如讓誤解積壓成怨，以後矛盾就更加難以解決，同事間也就無法合作了。

總之，與同事相處，要注意的地方很多，關鍵是要有一個坦誠的態度，以德服人，同時輔之以適當的方式方法。只有這樣，才能協調好與同事間的關係，為辦公室創造一個和諧、融洽的氛圍。

心理學小祕訣

人人平等，這絕不僅僅是法律上的，更重要的是心理上的。沒有從心理、意識和精神上建立起這種觀念，即使你身居高位，也會落得個眾叛親離。

與新新人類同事相處的原則

同事關係說來有點玄妙∶日日與你相對的人，既是出力工作的合作夥伴也是升遷提薪的競爭對手。前輩關於同事關係已經有好多告誡了，似乎你不得不步步設防，小心從事。可是，被網路文化、新經濟浪潮灌溉的新新人類衝入了職場，同事規則悄悄的發生著變化。

那麼，在這種形勢下，應該如何建立與同事的良好關係呢?第一，透明競爭，不玩陰招。對於老闆來說，他們看中的是你的才能與創意可以給事業帶來的活力和效益，用人的目的很明確，所以他們晉升和提薪的標準是你的業績，採用的是透明的競爭機制，而任人唯親或拉幫結派則是大忌。

周圍的同事也討厭那些喜歡搬弄是非，玩弄陰招的人，他們更願意與那些有才氣且志趣相近的同事相處。

許多新產業需要的是團隊的配合，同事時常一起加班研討，長時間的共處，彼此更為了解，往往成為知心朋友，這點與傳統的職場人際完全不同。所以你不要抱著同事是「冤家」、「敵人」的成見，否則你難以立足，更甭提發展了。你與新新同事的共處原則是彼此尊重、配合，然後儘管施展你的才華，在透明競爭中求發展。

第二，不要把個人喜惡帶入職場。你有自己的喜惡，但要記住切勿將此帶入職場。因為你的那幫新新同事可能都很有個性，有自己獨特的眼光，每個同事都與你一樣有著自己的喜好，也許他們的衣著打扮或是言談舉止不是你所喜歡的，甚至為你所討厭。

你可以保持沉默，可不要去妄加評論任何，更不能以此為界，劃分同類和異己，你最好能多點「相容」。要是為此而惹惱他們，那你會樹敵過多，在辦公室的處境就大大不妙了。相反的，你的包容則會贏得其他同事對你的尊重與支持。

第三，不要以個人隱私交換友情。

新新同事的生活方式、思想觀念大都較為前衛，許多私事不喜歡讓人知道，哪怕是最要好的朋友。他們比其他的群體更注意捍衛自己的隱私權，所以你可別輕易侵入對方的這個「領地」，除非對方主動向你說起。在他們看來，你親切的問起你最近怎麼樣，尤其是和你的朋友或者愛人怎麼樣啊這類話題，是無聊、沒有修養的低素養行為，除了大而化之的回答你「還行」或者「挺好」之外，他們大多會守口如瓶。

這就意味著你與這類同事在一起時，得掌握交友的尺度，資訊上的交流，生活上的互助，或是一起遊玩都是讓雙方感到高興的事。可別介入他們的隱私，不然你會引起對方的不快，並且因此而把你看成是無聊之輩，輕視了你。

同時對自己的隱私也要把握好尺度，別人不一定有興趣分享你的心事，知道你的什麼祕密也許是個負擔，千萬別把人家當成了心理醫生。

第四，與同事做生活夥伴，做到互利互惠。在傳統職場上，同事間除了工作上的接觸，生活上幾乎沒有來往，甚至大家都在有意躲避，可對於新新同事來說，同事間應當是最好的生活夥伴，互相幫忙和照應是最方便不過的。比如一起租房，一起共乘搭計程車上下班，既方便也實惠。所以當同事有意接納你做他們的生活夥伴，不妨高興的接受，因為這在經濟上互惠互利，在工作上則提供了方便之處，也促進了人際上的融洽。

第五，經濟往來實行ＡＡ制。對於新新同事來說，都有挺可觀的收入，加上樂於享受生活，所以會經常聚會遊玩，還有各種新型的生活組合，經濟上的來往較多，最好的處理方法就是採用ＡＡ制。這樣大家心裡沒有負擔，經濟上也都承受得起。當然如果是碰上同事有了高興的事主動提出做東，你就給對方一個面子吧，有祝賀的話奉上就好。

第六，培養快樂的情趣。新新同事不怕加班，可他們更懂得享受，他們要掙多多的錢，然後讓自己的生活過得更有樂趣，所以在閒暇之時，他們喜歡與同事一起出去分享快樂，郊遊、燒烤、舞廳、酒吧、夜店，內容豐富。你不妨多找些與他們相近的愛好和樂趣，邀他們一起行動，共同分享，這不僅讓你獲得更多的快樂和放鬆，緩解內心的壓力，更有助於培養和諧的人際關係，從而在工作上「配置」得更好。

心理學小祕訣

在職場中，新新人類盡量在熟知的圈子裡開Party，周圍的場景，一切的準備細節都了然於胸，這有利於與同事維繫關係並拓展人脈；太過慌張時，嘗試使用腹式呼吸，這將給你的社交生活帶來更為從容的姿態；不妨向周圍的社交高手學幾招藏拙技巧，如把話題轉移到自己熟知的領域中來而不著痕跡。

哪些言行會影響同事間的關係

（1）**有好事不通報**。公司裡發物品、領獎金等，你先知道了，或者已經領了，一聲不響的坐在那裡，像沒事似的，從不向大家通報一下，有些東西可以代領的，也從不幫人領一下。這樣幾次下來，別人自然會有想法，覺得你太不合群，缺乏共同意識和協作精神。以後他們有事先知道了，或有東西先領了，也就有可能不告訴你。如此下去，彼此的關係就不會和諧了。

(2)**明知而推說不知**。同事出差去了，或者臨時出去一會，這時正好有人來找他，或者正好來電話找他，如果同事走時沒告訴你，但你知道，你不妨告訴他們；如果你確實不知，那不妨問問別人，然後再告訴對方，以顯示自己的熱情。明明知道，而你卻直說不知道，一旦被人知曉，那彼此的關係就勢必會受到影響。外人找同事，不管情況怎樣，你都要真誠和熱情，這樣，即使沒有起實際作用，外人也會覺得你們同事的關係很好。

(3)**進出不互相告知**。你有事要外出一會，或者請假不上班，雖然批准請假的是主管，但你最好要同辦公室裡的同事說一聲。即使你臨時出去半個小時，也要與同事打個招呼。這樣，倘若主管或熟人來找，也可以讓同事有個交代。如果你什麼也不願說，進進出出神祕兮兮的，有時正好有要緊的事，人家就沒辦法說了，有時也會懶得說，受到影響的恐怕還是自己。互相告知，既是共同工作的需要，也是聯絡感情的需要，它表明雙方互有的尊重與信任。

(4)**不說可以說的私事**。有些私事不能說，但有些私事說說也沒有什麼壞處。比如你的男朋友或女朋友的工作公司、學歷、年齡及性格脾氣等；如果你結了婚，有了孩子，就有關於愛人和孩子方面的話題。在工作之餘，都可以順便聊聊，它可以增進了解，加深感情。倘若這些內容都保密，從來不肯與別人說，這怎麼能算同事呢？無話不說，通常表明感情之深；有話不說，自然表明人際距離的疏遠。你主動跟別人說些私事，別人也會向你說，有時還可以互相幫幫忙。你什麼也不說，什麼也不讓人知道，人家怎麼信任你。信任是建立在相互了解的基礎之上的。

（5）**有事不肯向同事求助**。輕易不求人，這是對的。因為求人總會給別人帶來麻煩。但任何事物都是辯證的，有時求助別人反而能表明你對別人的信賴，能融洽關係，加深感情。比如你身體不好，你同事的愛人是醫生，你不認識，但你可以透過同事的介紹去找，以便診得快點，治得細點。倘若你偏不肯求助，同事知道了，反而會覺得你不信任人家。你不願求人家，人家也就不好意思求你；你怕人家麻煩，人家就以為你也很怕麻煩。良好的人際關係是以互相幫助為前提的。因此，求助他人，在一般情況下是可以的。當然，要講究分寸，盡量不要使人家為難。

（6）**拒絕同事的「小吃」**。同事帶點水果、瓜子、糖之類的零食到辦公室，休息時分吃，你就不要推辭，不要以為難為情而一概拒絕。有時，同事中有人獲了獎或評上了職稱什麼的，大家高興，要他買點東西請客，這也是很正常的，對此，你可以積極參與。你不要冷冷坐在旁邊一聲不吭，更不要人家給你，你卻一口回絕，表現出一副不屑為伍或不稀罕的神態。人家熱情分送，你卻每每冷拒，時間一長，人家有理由說你清高和傲慢，覺得你難以相處。

（7）**常和一人「咬耳朵」**。同辦公室有好幾個人，你對每一個人要盡量保持平衡，盡量始終處於不即不離的狀態，也就是說，不要對其中某一個特別親近或特別疏遠。在平時，不要老是和同一個人說悄悄話，進進出出也不要總是和一個人。否則，你們兩個也許親近了，但疏遠的可能更多。有些人還以為你們在搞小團體。如果你經常和同一個人咬耳朵，別人進來又不說了，那麼別人不免會產生你們在說人家壞話的想法。

（8）**熱衷於探聽家事**。能說的人家自己會說，不能說的就別去挖它。每個人都有自己的祕密。有時，人家不留意把心中的祕密說漏了嘴，對此，你不要去探聽，不要想問個究竟。有些人熱衷於探聽，事事都想了解得明明白白弄清楚，這種人是要被別人看輕的。你喜歡探聽，即使什麼目的也沒有，人家也會忌你三分。從某種意義上說，愛探聽人家私事，是一種不道德的行為。

（9）**喜歡嘴巴上占便宜**。在同事相處中，有些人總想在嘴巴上占便宜。有些人喜歡說別人的笑話，討人家的便宜，雖是玩笑，也絕不肯以自己吃虧而告終；有些人喜歡爭辯，有理要爭理，沒理也要爭三分；有些人不論國家大事，還是日常生活小事，一見對方有破綻，就死死抓住不放，非要讓對方敗下陣來不可；有些人對本來就爭不清的問題，也想要爭個水落石出；有些人常常主動出擊，人家不說他，他總是先說人家。

心理學小祕訣

人們說話總有個目的，是想打聽資訊、求人幫忙、抒發感情，還是表示問候等。一個人說話的目的是要根據當時的情境、對話的人、語調、前後語境等，自己揣測出來的，不是一言兩語、一天兩天就能學會的。說話是門學問，是門歷練，是門經驗。

如何化解與同事交際時的憤怒

在一個機械維修中隊，機械師劉利與管後勤的韓成是同事、也是同鄉。本來兩人關係不錯，卻因為一點小事，造成一人眼睛失明、一人被勞教。事情經過是這樣的：

一天，中隊正在組織發放服裝。有「長腿」外號的劉利領回服裝一試，上衣雖然短一些，但還可以穿，可是褲子卻短了約二十公分。旁邊一個戰友笑道：「『長腿』，這回下水抓魚可方便了，不用捲褲腿。」另一個又說：「後勤的韓成也真是的，知道你個子高，也不找條長一點的，還老鄉呢！真是『老鄉老鄉，當面一槍』。」

雖然是玩笑話，但很要面子的劉利心裡還是有一絲不悅，對身邊的戰友說：「這算啥，現在我就去換一條合身的。」說完，轉身就走。幾個戰士也跟著走出房門。

這時，中隊領服裝的人正排著長隊，為了自己的「尊嚴」，劉利走上前去，生硬的說：「韓成，我的褲子太短了，不能穿，你給我換一條！」

管後勤的韓成聽了劉利那硬邦邦的話，生氣的說：「後面排隊去！」「我剛才排過隊了！」劉利爭辯道。「你剛才已領過服裝了！」司務長也毫不退讓。「褲子不能穿怎麼辦？！」「是按你自己填寫的號碼發放的，你怪誰？」

劉利無言以對，感到在眾人面前丟了臉，大聲說：「不給我換褲子，你就歇著吧！王八蛋！」一怒之下，他把服裝發放單據一卷，回到宿舍。劉利在房間裡面把門反鎖上，一根接一根的抽菸。

許多人在外面敲門，他都不理。

隊長得知此事後，來到劉利門口，對著裡面說：「劉利，褲子短了，等服裝發完後，我們再去給你換。你一賭氣，讓大家都領不到衣服，這多不好。」

劉利知道自己這樣做理虧，見隊長又心平氣和，就沒說什麼，便把門打開。

隊長說：「你先把服裝發放單拿出來。」劉利也沒有多說什麼，順從的把單據從抽屜裡拿出來。隊長把單據交給站在門口的韓成，說：「接著發吧。」

怒氣衝衝的韓成接過單據，對劉利大聲道：「還把單據拿出來做啥！有膽量門也不要開！」說完，轉身就走。

這話無疑似火上澆油，劉利剛剛平息一些的怒火又騰的竄了起來，他一步衝上前去，搬過韓成的身子，對著他臉部便是一拳。頓時，血，順著韓成的眼角流了下來……韓成右眼從此失明。劉利因打人被勞教。這本是同事之間的一件小事，由於處理不當，進而釀成了一起傷人事故。教訓極為深刻。

在工作中，誰都難免會與同事發生一些意想不到的小摩擦，從而會產生一種緊張、憤怒情緒。那麼，如何化解與同事交際時產生的憤怒情緒呢？下面是化解憤怒的幾個常用方法。

主動迴避法：如果您與同事剛剛發生了爭吵，最好先暫時迴避他，做到眼不見，心不煩，讓怒氣漸漸消退，從而避免矛盾激化。

轉移注意法：如果您生氣時，始終想著讓您生氣的事情，那麼最後的結果只能是越想越生氣，越想越憤怒。相反，如果您能有意識的把自己的注意力往其他事情上放一放，例如看一看窗外的風景，集中精力去做手頭要做的工作等，主動的接受另一種刺激，可以轉移大腦興奮點，讓憤怒情緒在不知不覺中消失。

恰當釋放法：把胸中的不平和憤怒向認為適合的人全盤托出，你會感到心情舒暢一些；如果傾聽者能從旁觀者的角度，幫你開導並給你一個正確的處理方法，效果就會更好。

意識控制法：該方法關鍵是平時加強道德修養、提高認知水準，使憤怒情緒難以發生或降低強度。通常是以自己的內部語言為媒介，在發怒時心中反覆默念「別生氣」「不該發火」等等。林則徐在自己大堂內懸掛「制怒」的牌匾，也就是要不斷強化自控意識，這也是值得我們借鑒的。

換位思考法：俗話說「一個巴掌拍不響」。在特定情況下，兩人發生爭吵，雙方都存在問題。換位思考法就是站在對方的角度，重新審視自己的言行，從中找出自己的錯誤與不足。這樣就不會一味的埋怨他人，自己的怒氣也就會消減下來。

超前準備法：記住，應該經常提醒自己，自己認為正確的事情，均可能遭到半數人的不贊同。有了這個心理準備，你就不必選擇生氣。

積極溝通法：想一個溝通感情的方式，主動試著去與你爭吵的人談談，檢討一下自己。你主動溝通，對方一般也會作出反省，這樣你便不必繼續用毫無意義的怒氣來彼此虐待。

強迫記錄法：寫一份「動怒日記」，記下自己動怒的時間、地點和對象、原因，強制自己誠實的記錄所有動怒行為。以後你會發現，很多場合下的生氣是沒有充分理由的，是毫無意義的。如果你長期堅持一段時間後，你自己也許還沒有感覺到，但別人會真誠的告訴你，說你理智了、豁達了、成熟了。

心理學小祕訣

憤怒情緒是因為長期處於怒火之中，身體因受壓而讓自律神經進入緊張狀態，影響器官功能，容易使人氣喘、頭痛、失眠及胃痛。經常憤怒的人，除了影響人際關係外，也影響身心健康。

第二章　積極與同事合作

第三章　做好自己管好別人

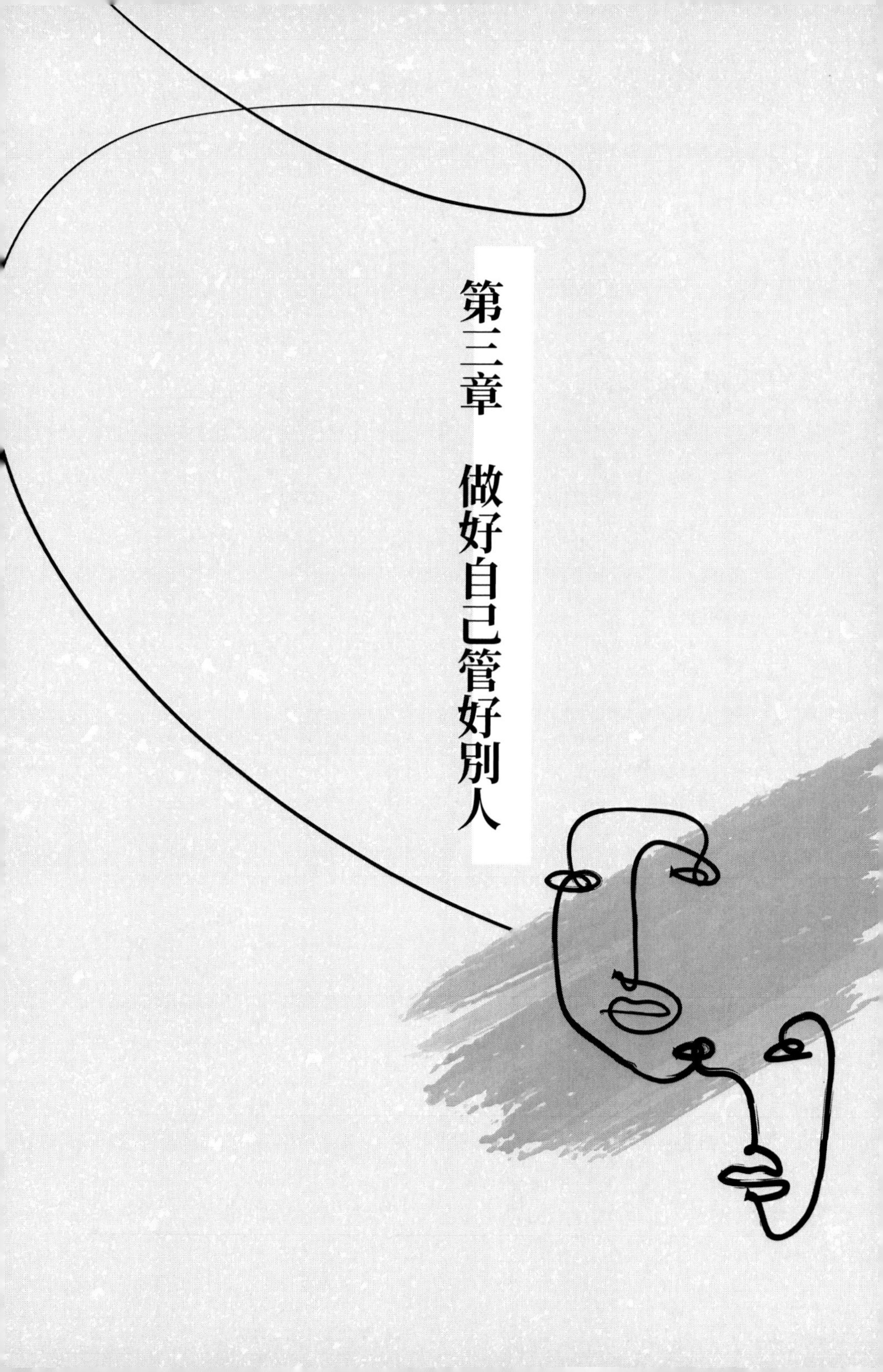

本章透過許多真實的案例，揭示了職場中無聲的心理現象，適合職場中的各個階層閱讀。從管理層的角度出發，幫助管理者正確掌握員工具體行為的真實想法和引導員工的行為動向，針對「問題員工」引發的種種挑戰，提出實用高效的對策，使其真正提高管理能力和工作業績。

做好自己才能管理別人

美國心理學家們曾做過一個實驗：他們在給某大學心理學系的學生們講課時，向學生介紹一位從外校請來的德語教師，說這位德語教師是從德國來的著名化學家。在試驗中，這位「化學家」煞有介事的拿出了一個裝有蒸餾水的瓶子。

「化學家」說這裡面有他新發現的一種化學物質，有些氣味，請在座的學生聞到氣味時就舉手，結果多數學生都舉起了手。蒸餾水本身是沒有氣味的，那為什麼多數學生舉手，就是由於這位「權威」的「化學家」的語言暗示，讓多數學生都認為它有氣味。

如果一個人地位高，有威信，受人敬重，那他所說的話及所做的事就容易引起別人重視，而且人們容易相信他說的話都是正確的，正所謂「人微言輕、人貴言重」。

其實，權威效應在生活中普遍存在，人們總認為權威人物往往是正確的楷模，服從他們會使自己更有安全感，增加不會出錯的「保險係數」。而且人們對於超群的人都有崇拜心理，人們總認為按照權威人物的要求去做，會得到各方面的讚許和獎勵。

在職場中也是如此。舉個簡單例子來說，如果你是公司人事部的職員，公司交給你一個任務，讓你給員工招聘一個講師。在講課內容差不多的情況下，一個是從民企出身的講師，一個是從跨國公司出身的講師，你會選哪個講師？

選了那個看起來履歷不錯的跨國公司出身的講師，即便是搞砸了，也可以和老闆和學員交代：這個講師畢竟是大公司出來的，講得不好只能說明培訓產業水平低。如果選了民企出身的講師，萬一搞砸了，你就沒有辦法向公司和老闆交代，因為這就是你選人的失誤。

這是最直觀的權威效應的作用。對於個人來說，在職場中不要輕易去質疑權威的地位，應該先學會別人的優點，再規避別人的不足。

蕭文雅是一個做事非常勤快的小助理，但是有時候，她經常給她的上司許總惹一些小麻煩。有一次，許總讓她列印開會用的文件，她文件列印好了之後，就去送給上司，路上不小心把文件掉在了地上。檔是許總開會急需的，於是，蕭文雅就馬上手忙腳亂的將文件撿起來。上司開會的時候看著稿子，發現出了問題，蕭文雅列印的時候非常粗心，沒有加頁碼，而且因為稿子曾灑落一地，許總給大家講解的時候，只能臨時組織文件，重新標記頁碼，在公司各位重要的上司面前耽誤了時間。

知道了這件事情之後，蕭文雅非常心虛，可是許總並沒有責怪她一句，而是在下次列印的時候，親自在蕭文雅面前操作示範了一遍。蕭文雅發現一個位高權重的上司，細心和專注的時候更加值得尊敬。

許總在電腦裡首先按照列印文件檔的內容更改了檔案名字，方便查找，然後添加頁碼後列印，文件列印好，許總又拿起訂書機裝訂。

許總把訂書針釘在文件左上角四十五度角的位置上，而且還告訴蕭文雅，這樣裝訂，首頁的紙張就不容易脫落，也便於閱讀，還不浪費訂書釘。看到上司的細心，蕭文雅在以後整理文件的時候都非常認真。她不再讓所有的 Word 文件檔散亂的放在電腦桌面上，而是認真的歸納整理手頭工作，再也沒有絲毫的鬆懈。還有一次，許總讓蕭文雅找其他部門幫助查找一份資料。蕭文雅到了那個部門，直接對負責此事的方欣說：「我需要一份某某資料。」沒想到，方欣居然沒有抬頭看蕭文雅，就直接回答說：「現在沒有時間查。」蕭文雅抬高了聲音說：「許總讓我來找資料的。」方欣更加強硬的說：「不論誰安排的，我現在就是沒有時間。」蕭文雅怒氣衝衝的回到辦公室，找許總告狀。沒想到許總聽完後，並沒有生氣，只是平靜的安排另一個女孩劉靜陪蕭文雅找方欣。

蕭文雅悄悄的跟在劉靜的後面到了方欣那裡之後。劉靜先對方欣表示，這份資料對於自己部門的重要性，要感謝方欣幫助查找資料。接著，劉靜還向方欣解釋說：「許總本來是想親自過來取的，但是因為他要準備一份會議資料，特別忙，所以就沒有來。」

這時，方欣一臉和氣的說：「沒關係，許總太客氣了，我手頭工作也有點多，沒關係，我還是先幫你們查資料吧。」就這樣，十幾分鐘後，劉靜和蕭文雅順利的拿著資料回來了。蕭文雅從劉靜的示範中學到了重要的一課。在職場中，一個優秀的上司就是企業的權威，上司有時候會利用權威效應，用自身的行為去引導和改變下屬的工作態度，這往往比命令的效果更好。作為員工，也要善於學習上司的優秀品質，而且，要能向優秀的同事學習。當然這裡要注意的一點是，不要因為別人的示範，就滋養自己的惰性，要知道別人的示範正是自己的不足。

心理學小祕訣

與其羨慕別人的影響力，不如透過學習，來打造自己的影響力，例如工作進程中，突然遇到一個棘手的問題，上司和各位優秀的同事都在積極想辦法。那麼，作為個人，無論處於公司的哪個階層，都應該強迫自己像公司的大人物一樣思考問題，這樣才能在工作中保持順暢和積極的態度！

強化責任感並制度化

職場中常常有這樣的現象，如果是單獨的一個人被要求去完成某任務，這個人的責任感就會很強，會做出積極的反應。但如果是要求一個群體共同完成任務，群體中的每個人的責任感就會很弱，這時候就會出現這樣的一個現象，那就是單獨的個人面對困難或遇到責任時往往會退縮，容易寄望於別人多承擔點責任。

有這樣的一個事例很能說明問題，那是一九六四年的某一天，在美國紐約郊外某公寓前，一位叫朱諾比白的年輕女子在結束酒吧工作回家的路上遇到凶手。當她絕望的喊出「有誰救救我」的時候，附近住戶亮起了燈，打開了窗戶，凶手嚇跑了。

可是當一切恢復平靜後，凶手又返回作案。當她又喊叫時，附近的住戶又打開了電燈，凶手又逃跑了。

當她認為已經無事，回到自己家上樓時，凶手又一次出現在她面前，將她殺死在樓梯上。在這個過程中，儘管她大聲呼救，鄰居中至少有幾十個人到窗前查看情況，但是遺憾的是卻沒有一個人來救她，甚至無一人打電話報警。

這件事引起紐約社會的轟動，也引起了社會心理學工作者的重視和思考。人們也把這種眾多的旁觀者見死不救的現象稱為責任分散效應。

還有一件發生在飛機上的事情：一個年輕的空服員不小心把水灑在了旅客的身上，旅客穿著濕濕的衣服當然非常難受，自然就開始發火，質問這名空服員是怎麼回事。

看到旅客的憤怒之後，這名年輕的空服員更加緊張了。她其實很想用毛巾給旅客擦拭一下，但是又害怕旅客更嚴厲的呵斥，所以，就很客氣的對顧客說：「先生，對不起，剛才我不是故意的。」

聽到空服員說自己不是「故意的」，這讓旅客更加生氣了。他直接開始發脾氣，說：「我穿著濕乎乎的衣服有多難受，你一句不是故意的，我是不是就該老老實實的受罪？」

這時，年輕的空服員又開始道歉。可是這時候說什麼，這名乘客也聽不進去了，他的心情越來越糟糕，並且揚言一定要投訴這名空服員。

這時候，另外一名空服員看到當下的情況，並沒有因為懼怕顧客的指責而趕緊躲起來，而是馬上快步走了過來，主動嘗試幫助同事化解這個情況。她俯身對旅客說：「先生，真對不起，把您的衣服弄濕了，這是我們工作的失誤，您先消消氣，我可以幫您擦一下濕衣服嗎？」然後，這名有經驗的空服員馬上對旁邊惹禍的空服員說：「你去幫我拿塊熱毛巾，先給乘客擦一下。」

年輕的空服員馬上轉身離去，快步去取毛巾。

看到兩名空服員已經有了具體的補救行動，這名旅客憤怒的情緒慢慢的平息了，畢竟他不能對著一個代人受過的空服員發脾氣。他也明白眼前這個殷勤的空服員並無過錯，而是非常有責任感，幫助自己的同事解決工作中出現的問題。

對於公司來說，每個上司者都害怕這樣的一個現象，那就是誰都只管自己的事。

從本質上來說，這種現象不能僅僅說是眾人的冷酷無情，或道德日益淪喪的表現。因為在不同的場合，人們的援助行為確實是不同的。當一個人遇到緊急情況時，如果只有他一個人能提供幫助，他會清醒的意識到自己的責任，對受難者給予幫助。如果他見死不救會產生罪惡感、內疚感，需要付出很高的心理代價。

心理學小祕訣

如果有許多人在場的話，幫助求助者的責任就由大家來分擔，造成責任分散，每個人分擔的責任很少，旁觀者甚至可能連他自己的那一份責任也意識不到，從而產生一種旁觀者的心理。因此，強化下屬的責任感並使之制度化，是上司應該考慮和落實的必要舉措。

上司需要什麼樣的下屬

上司需要什麼樣的下屬？這個問題可能很多人都想過，但是得出的結論偏差很大。多數人認為：上司需要能「混」的人，也就是能夠體察上心，令上司滿意的人。其實大謬不然。這些人是存在，但並不是上司需要的，上司需要的是能做事的人。

不能體會這一點，關鍵是對「做事」二字的理解有偏差。許多人認為只要把本職工作做好，就是能做事，其實完全不是這樣的。

本職工作，也就是日常工作，你肯定應該做好，否則就待不下去了。但是這也屬於能混的一方面。試想，一個人什麼事情都做不好，僅僅能夠體察上意，會是什麼結果？現在的社會，一個蘿蔔一個坑，哪裡都沒有多餘的編制。能夠體察上意，適合做副官，但是最多也就是一個副官。如果公司裡的人都是副官，誰來工作？所以，把本職工作做好是一個基本方面。

在上司眼裡，所謂能做事的人，其實是指超出本職工作範圍的一些事情也能做好。哪個公司都會有這樣的一些事情，不屬於任何人的工作職責，但是確實存在，必須完成，而且很重要。這些事情其實並不少，而且上司不可能事必躬親，所以就必須有一批能獨立完成這些任務的人。

舉個例子，《人間正道是滄桑》裡面，楊立青去東北後，被調去做特別部部長就是這個道理，楊立青是個能做事的人。

能做事的人，在許多人眼裡是傻子，未必會有回報，對於那些凡事斤斤計較的人來說，是不屑一顧的。但是，從一個較長的週期來看，就會發現這些能做事的人除個別人以外，基本上地位要高於同期進來的其他人，這就是回報。

實際上，上司是不會忘記為自己立下過汗馬功勞的人的，很少見到例外。被當做老實人的，恐怕還只是本職工作做得好，其他方面並無出色表現。至於能做事的人，最多只是個排隊的問題，不然誰會這樣做？

心理學小祕訣

你不算計別人，別人就算計你。算計總會有，被算計也難免，但是關鍵時刻總會有人幫你的。如果沒人幫你，很遺憾，恐怕有兩個可能性，一個是你不屬於會做事的人，再就是你本來就屬於經常算計別人的人之一。

上司要深知自己的使命

關於上司和下屬的關係問題，是每個職場人士都無法迴避的首要問題。作為上司，要深知自己的使命，讓自己的工作井井有條，這樣就避免了下屬渙散的工作情緒，也沒有了不努力工作的理由。

簡單的說，上司與下屬間就是管理與執行的關係，但是二者有著同樣的目標，那就是達到企業的理想目標。上司制定工作方案，總體統籌，下屬們執行計畫，在上司帶領下開展工作。領導好你的下屬，將他們的個性都發揮出來，只有這樣，整個企業才呈現出源源不斷的生機和活力。

上司的使命主要包括以下幾方面：

（1）**制定規劃的藍圖**。讓下屬們對企業的目標達成共識，讓他們團結協作，這將使下屬們更加團結。樹立一個清晰直觀的發展規劃和前景，便會激發下屬們的信心、熱情和積極性，會使全體成員朝著一個方向共同努力。一個鼓舞人心的發展藍圖，就是茫茫夜空中的那顆北極星，可以讓下屬們在對企業的目標達成共識的基礎之上，願意追隨一個可以讓他們信賴的上司，為著一個共同的目標而奮鬥，而不會有任何退縮的想法。

（2）**根據內外環境變化進行改革**。工作中經常會出現「計畫沒有變化快」的情況。在這種情況下再沿用一成不變的計畫，顯然就不能夠適應新形勢和新情況。作為上司，也應該順應市場的變化趨勢，不斷改變發展目標和策略，以變應變，不斷調整管理方式，以適應企業內外環境的劇烈變化，在保持企業的穩定性和連續性的同時，又要不斷實施變革，勇於冒險，面對挑戰，敢於吃螃蟹。有了符合現實情況的計畫和策略，下屬們也會隨之改善自己的工作方式，以適應你的改革措施。

（3）**以身作則為企業創造價值**。對於上司，今後越來越重要的責任和任務，就是帶領手下的下屬為企業創造最大價值。這就要求上司必須是某一產業或領域的專家能人，不僅自己能做事，而且能夠為公司創造最大價值。這樣的上司，下屬們才會心服口服，願意追隨效力，而不會有跳槽的危險，或者也不會有跳槽的想法。要做到這一點，上司必須不斷學習和提高自身素養，並在下屬們中間率先示範，在工作中自己首先做到為公司創造價值，進而指導和帶領所有員工，共同為企業創造最大價值。

（4）**塑造公司文化**。作為上司的一個重要作用，就是要塑造具有凝聚力的公司文化，成為廣大員工團結合作的基礎，使整個公司能夠朝著一個方向前進。不僅如此，還應當使優秀的公司文化滲透進每一個員工的日常行動中。讓這種文化的氛圍深入人心，真正讓下屬心甘情願的和你站在一條戰線上。

（5）**傳授管理念，培養和鍛鍊下屬們**。管理一個團隊，是讓人頭疼的事情，因為要統一下屬的前進目標，要尋找一個全體人員都信服並追求的方向才能聚合所有人的向心力和凝聚力。所以上司的一個重要任務，就是透過組建團隊和帶領隊伍，規範他們的行為，這要依靠全體的共同努力來達到目標。

一個合格的上司，不僅要保持團隊的穩定性，而且應該讓每個下屬的潛力得到充分挖掘和發揮，盡可能調動每個下屬的積極性和創造性，帶領和依靠團隊全體的共同努力，來實現策略目標。透過簡單而粗暴的威脅和命令，雖然也可以讓下屬服從，但是往往不能達到很好的效果，反而使他們失去信心，對你的領導力也失去信任，放棄和你共同追求的理想，尋找各種藉口和機會與你對立。所以，要經常與你的下屬溝通，了解下屬內心所想，並對症下藥，才能贏得對方的信任與支持，心甘情願的效力和奉獻。透過上司的溝通和協調，使團隊每個成員的潛能和積極性得到充分發揮，並使整個團體產生「一加一大於二」的管理效果。

心理學小祕訣

上司應具備的能力，應展現他是一位心智成熟的強有力的堅強個體，體現他是一位具有組織、創新和上司能力的優秀上司；只有這樣的上司，才能為所在公司乃至全社會創造出最大的物質和精神財富。

尊重下屬才能獲得擁戴

一九四九年，三十七歲的大衛．帕卡德參加了一次美國商界領袖們的聚會。與會者就如何追逐公司利潤侃侃而談，但帕卡德不以為然，他在發言中說：「一家公司有比為股東賺錢更崇高的責任，我們應該對員工負責，應該承認他們的尊嚴。」帕卡德在造就矽谷精神方面的貢獻，恐怕超過了任何CEO。他的尊重並欣賞每一個人的態度，對周圍人和企業的影響至深至遠。正是創始人帕卡德這種尊重別人的思想和精神，締造出了今天惠普這個產業帝國。

我們總是埋怨身邊沒有人才，找不到人才，或者總是歎息人才的流失，這是什麼造成的呢？是否我們自身存在某種缺陷呢？因此，只有加強自身的修養，提高吸引人才的素養，創建使他們滿意的工作環境，才能使身邊人才濟濟。而要做到這一點，管理者首先要從「尊重」開始，對人才做到尊重、尊重、再尊重。

一個成功的人一定是有修養的人，是值得別人交際和追隨的人。「尊重」給企業帶來的好處是多方面的：員工消極對待工作，尋找藉口不工作，其實並非因為其他過多的原因，很重要一點是工作氛圍。特別是對於高素養人才，更需要創造一種相互理解、輕鬆和諧的氣氛，而管理者就是這個氣氛的締造者。只有這樣，下屬們才會乖乖的在你的上司進行分工合作，你才會帶領出一支優秀的團隊。

從實質上分析，管理者的人格魅力較之管理技能更為重要，這裡更多涉及的是觀念認識上的問題。具備一個正確並客觀的待人方法，才能以正確的心態應對企業所面臨的各項挑戰。

尊重人才也是塑造管理者人格魅力的有效手段，要從以下幾個方面做起：

（1）**下屬們是你的合作者**。企業是由大家組合而成，企業的所有者、管理者與員工，大家應該是平等的，在工作上只是扮演的角色不同而已，離開誰都難以成事。因此，下屬們是我們的工作夥伴，我們應以「同事」來稱呼他們，這不僅僅是稱謂的問題，更重要的是尊重的問題。

（2）**隨時肯定下屬們的成績**。下屬在工作中，偶爾會出一些小問題，如果採取嚴厲責備的態度，就會造成雙方的對立，員工從心理上受了委屈，對立的情緒很難消除，在今後的工作中心理上就有了排斥情緒。對下屬沒有了起碼的尊重，你和他們的關係就只有命令和無奈的接受，充滿火藥味的工作關係遲早會爆發危機。

（3）**給下屬們自己的時間**。在許多公司裡，大家下班後都不願很快離開，有些人即使下班後沒有事做也要在辦公室裡多留一會。當自己一天的工作沒有完成是應該留下來做完，但沒有事情也留在辦公室裡，表現出一種以公司為家的樣子，則和老闆的喜好有關。老闆總是希望員工們加班，希望員工晚上帶工作回家做，還希望員工可以為了工作犧牲家庭，甚至希望員工能將工作視為生命的重心，因為老闆都是這樣。其實，不應該一味的要求員工有著同等的工作熱情。

是的，身為管理者當然要以身作則，樹立典範，但是不要忘了，以身作則並不代表要以此暗示員工，要求他們做到你所「示範」的每一項事務。大部分員工都希望享受工作，有高度的工作效率及貢獻，能力受到肯定，得到應得的薪水。而下班之後他們也可以暫時忘掉工作，享受家庭的溫馨，與三五好友聊天，參與某些活動。他們不希望一天二十四小時都掛念著工作。上司應該尊重員工這個人性的需求，在下班後要求員工工作上的事應盡可能避免。員工自然不會找藉口拖延時間，也同樣在你為他們創造的寬鬆的環境中盡快完成工作，相反會提高效率。

（4）**尊重下屬的個性差異**。在我們的工作場所，總是充滿形形色色的人，即有各種背景的人、有各種性格的人、有不同生活經驗的人，我們要尊重個別的差異和不同並要找出共同點。一個好的企業文化是能包含不同個性，塑造共同價值觀的。人人生而不同，但對我們工作都會有獨特的貢獻，切不可只用一種人，用一種方法來做事，身為管理者的你要學習用不同的方式管理不同的人。要承認人的最大特點是人與人之間存在差異，克服自己的偏見，這樣才能使公司更和諧，也更具效率。

（5）**尊重下屬的不同意見**。管理者不願聽取下屬的意見，大致原因是認為下屬能力不足，意見不具備參考價值，這實際上是個盲點。下屬能力較你弱或許是事實，但並非他們的每個意見都不高明，有些意見可能對方案有補充作用，或者可以透過這些意見本身了解下級在執行中會有什麼心態及要求。總之，無論從哪個角度講都有必要認真傾聽不同意見，因為一個人考慮問題不可能十全十美，況且，就怎樣做成一件事來說也很少有標準答案，我們要的是結果，如果大家齊心協力共同完成一個任務，這不是很開心的一件事嗎？

（6）**尊重下屬的選擇**。員工有選擇工作的自由，不可將員工的辭職視為背叛你，氣憤過後千萬不能在你的心中留下任何不好的印象，這會在今後的工作中對你的下屬產生不信任的態度。員工辭職本是一件可以理解的事情，也許是你的企業的目標和員工個人的發展目標相悖，也許是員工個人價值趨向的改變，你都不能過多去強求他們和戴上有色眼鏡。

員工選擇了來公司工作，那麼幫助他們個人成長就是我們應盡的義務。切不可把員工的成長當成我們給予他們機會的某種結果，並要求員工不斷的給予回報，這會讓你在人格上不尊重他們，認為他們應該為你工作，或者他們應該全部聽命於你。我們真正需要的是接受員工的選擇，對員工的離職完全可以做到「人走茶不涼」。

下屬的辭職是再正常不過的事情，我們應該正視這個問題，同時也可以發現自己身上的不足，這為你在今後的工作中也提供了借鑒，你可以因此而調整自己的上司方式，而管理者是否有雅量可以從對待離職員工的態度中去發現。

一個企業能走多遠取決於管理者的素養到了何種水準，下屬們得到了更多的空間和尊重，就會踏實工作，不會找藉口和理由逃脫工作和責任。在企業管理中，我們要本著愛心去經營企業，以積極的心態、平等的態度、關愛的語言與員工交流，創造優良的企業氛圍，而這些要求我們必須學會對人才「尊重、尊重、再尊重」。

另外，尊重下屬們還有一層含義，那就是對待下屬就像對待自己一樣。

仔細想想，為什麼我們能夠輕而易舉的原諒一個陌生人的過失，卻對自己下屬的過失耿耿於懷呢？以前總是認為員工太懶惰，太缺乏主動性，其實，什麼都沒有改變，改變的是看待問題的方式。其實，藉口是員工自己找到的，但上司是否給了他們找到藉口的機會呢？

成功守則中最偉大的一條定律即待人如己，也就是凡事為他人著想，站在他人的立場上思考。當你是一名下屬時，應該多考慮老闆的難處，給老闆多一些同情和理解；當自己成為一名老闆時，則需要多考慮下屬的利益，多一些支持和鼓勵。

這條黃金定律不僅僅是一種道德法則，它還是一種動力，推動整個工作環境的改善。當你試著待人如己，多替下屬著想時，你身上就會散發出一種善意，影響和感染包括下屬在內的周圍的人。這種善意最終會回饋到你自己身上，如果今天你從下屬那裡得到一份理解，很可能就是以前你在與人相處時遵守這條黃金定律所產生的連鎖反應。

經營管理一家公司是件複雜的工作，會面臨種種繁瑣的問題。來自客戶、來自公司內部巨大的壓力，隨時隨地都會影響你的情緒。因此，首先我們需要用對待普通人的態度來對待上司和周圍的人，不僅如此，我們更應該同情那些努力去執行工作的下屬們。做上司的應該多反思自己的缺陷，給予下屬們更多的同情和理解，這樣會贏得更多下屬的擁護和支持，自然就不會發生辭職的事件了。

心理學小祕訣

尊重下屬是上司的一種修養，是由裡而外透射的高貴人格。這種人格修養是需要修練累積的，這也成為衡量一個成功人士的標準。你尊重別人，別人也會尊重你，人際關係由此變得和諧。

認真傾聽下屬的意見

傾聽別人說話可以說是有效溝通的第一個技巧。做一個永遠讓人信賴的領導人，傾聽下屬意見是最簡單的方法。

眾所周知，最成功的領導者，通常也是最佳的傾聽者。一位擅長傾聽的領導者將透過傾聽，從同事、下屬、顧客那裡及時獲得資訊並對其進行思考和評估，並以此作為決策的重要參考。所以，領導者能否做到有效而準確的傾聽資訊，將直接影響到與部屬的深入溝通以及其決策水準和管理成效，並由此影響公司的經營業績。

傾聽是由領導工作特點決定的。科學技術在飛速發展，社會化大生產的整體性、複雜性、多變性、競爭性，決定了領導者單槍匹馬是肯定不行的。面對紛繁複雜的競爭市場，任何個人都難以作出正確的判斷，制定出有效的決定方案。因此，學會在溝通中傾聽部屬的意見是非常重要的。

美國最成功的企業界人士之一玫琳凱．阿什是玫琳凱化妝公司的創始人，現在她的公司已擁有二十萬職工，每個員工都可以直接向她陳述困難。她也專門抽出時間來聆聽下屬的講述，並做仔細記錄。對於下屬的意見和建議，玫琳凱也十分重視，並在規定的時間內給予答覆。在很多情況下，傾訴者的目的就是傾訴，他們並沒有更多的要求。日本、英、美等一些企業的管理人員常常在工作之餘與下屬職員一起喝幾杯咖啡，就是讓部下有一個傾訴的機會。

西元一八六一年，亞伯拉罕．林肯出任美國第十六任總統。林肯出生於肯塔基州的貧苦農民家庭，先後當過伐木工、船工、店員、郵差。這些經歷使林肯對普通人民群眾寄予了深厚的感情，他喜歡經常走出辦公室到民眾中去。而他在白宮的辦公室，門也總是開著的，任何人想進來談談都受歡迎，林肯不管多忙也要接見來訪者。

林肯不願意在他和民眾之間拉開距離。這使保衛工作頗不好做。他也常報怨那些忠心地執行職責的保衛人員：「讓民眾知道我不怕到他們當中去，這一點是很重要的。」他先這樣說，接著就開始躲避他的衛兵或命令他們回到陸軍部去。他不願意成為白宮辦公室裡的囚徒。

林肯在白宮外面度過的時間要比在白宮多。他常常不顧總統禮節，在內閣部長正在主持會議時闖進去；他不願坐在白宮辦公室等待閣員來見他，而親自去閣員辦公室，與他們共商大計；他總是親自視察他的部隊，他總是站在威拉德旅館的陽台上向士兵致意。在戰爭後期的一個雨天裡，林肯還是站在那個陽台上，渾身被雨淋透了，士兵們向他歡呼。他說：「只要他們能堅持住，我想我也能。」哪裡有士兵，哪裡就有林肯。

當他無法從白宮脫身時，他打開白宮辦公室的門，讓政府官員、商人、市民們沿著行政官邸的圍牆排著隊去見他。林肯很少拒絕人，甚至對有的人還鼓勵他們來訪。西元一八六三年，林肯寫信給印第安那州的一個公民：「對來見我的人們我一般不拒絕；如果你來的話，我也許會見你的。」

林肯曾說：「雖然民眾意見並不是時時處處令人愉快，但總的來說，其效果還是具有新意、令人鼓舞的。」他洗耳傾聽民意，縮短了他與人民的距離，加深了彼此的感情，激發了人民參與國事的主動性和積極性。

開放式的傾聽是一種積極的態度，意味著控制自身偏見和情緒，克服心理定勢，做好準備積極適應對方的思路，去理解對方的話，並給予及時的回應。

熱誠的傾聽與口頭敷衍是完全不同的，傾聽是一種積極的態度，傳達給他人的是一種肯定、信任、關心乃至鼓勵的資訊。

「上天賦予我們一根舌頭，卻賜給我們兩隻耳朵，所以我們從別人那聽到的話，可能比我們說出的話多兩倍。」希臘聖哲這句話的用意就是告訴我們要多聽少說。所以，溝通最難的部分不在如何把自己的意見、觀念說出來，而在如何聽出別人的心聲。

以下幾點是傾聽別人心聲的幾個具體辦法：

（1）耐心傾聽對方要說的話，即使你可能認為它是錯誤的或與話題無關的。用點頭、點菸斗或偶爾插進一聲「嗯」、「哼」或「我懂了」以示簡單的認可，但這未必就是同意。

(2)設法摸清說話人所表露的情緒及理性內容，我們大多數人在牽涉到自身感受時就很難說得有條有理，因而就需要注意聽。

(3)簡要複述對方的談話，但要確切，並鼓勵對方繼續往下談。這樣做時，需要注意語調要保持中立，以免對方看出傾向性。

(4)要有較充裕的談話時間，並應設法使談話有別於公司計畫中的較正式的溝通交際。這就是說，除了管理者的官方地位的影響外，不要再使會談帶有什麼「官方性」。

(5)避免對事實的直接質問和爭辯，切忌說「事情根本不是這麼回事」「讓我們查看查看事實」或「拿證據來」等類似的話，因為驗證證據和對方現在的感受是毫不相關的兩碼事。

(6)當對方說到自己很想多了解一些的某一要害問題時，不妨將對方的話改成疑問句重問一遍。這樣會使對方感覺受到鼓勵，很可能對他說的話大加發揮，而管理者也會因此獲取更多資訊。

(7)如果對方真誠的希望聽到你的觀點，回答時必須誠實，但在傾聽階段應該設法少發表你的看法，因為這些都可能約束或抑制對方想說的話。

(8)避免把自己的情緒捲入談話之中，應該把了解放在第一位，把評價擱到事後。

心理學小祕訣

傾聽是我們自幼學會的與別人溝通的一個組成部分，它保證我們能夠與周圍的人保持接觸。失去傾聽能力，就意味著失去與他人共同工作、生活、休閒的可能。領導者善於傾聽，能及時發現下屬的長處，並創造條件讓其積極性得以發揮作用。傾聽本身也是一種鼓勵方式，能提高對方的自信心和自尊心，加深彼此的感情，因而也就激發了對方的工作熱情與負責精神。

履行對下屬的承諾

日本管理學家秋尾森田曾說：「不守信用的人如同酩酊大醉的酒鬼，滿嘴都是胡言亂語。這樣的人最後只能引來懷疑和嘲笑。即使他清醒過來，也不會有太大的改變。」

不能兌現就不要許諾，否則會聲名狼藉，這就是「秋尾法則」。秋尾法則主要講做人要誠信，承諾了就要兌現，不要失信於民，失信的結果是損人而不利己。

「信用」是行商、做人最基礎、最根本的行為，一旦做人沒了「信用」，後果就可想而知了。作為上司，假如向下屬信口承諾，而且在承諾後不能履行，那麼，你的誠信指數就會大大下降，甚至眾叛親離。

曾經有個老闆拿八十幾萬投資開工廠，從原來的十幾個人的小電鍍廠發展到現在的一千多的員工，年利潤九千多萬。這些成績，皆因這個老闆在他的事業開始的時候「一諾千金」，平時和年底的「紅利」都是和那些「開國功臣」共用。正因如此，有些員工甚至把家裡的電腦搬過來幫他發展事業，當時的電腦很貴，每台要四萬多元。這樣一路過來，老闆言而有信，一諾千金；員工兢兢業業，勤勉不懈。

由於生意做大了，之前承諾的「分紅」制老闆就覺得那些開國功臣拿多了，於是乎就節減功臣們的「紅利」，甚至剝奪了一些開國功臣的權力，想辦法弄走那些開國功臣。有些人不滿現狀，對公司沒了以前的衝勁和熱情，更有些功臣自己另起爐灶，把那些熟客都拉走了。因此，公司的生意一落千丈，潰不成軍。

可見，「信用」的力量是多麼的強大！為避免承諾後不好兌現的現象出現，應把握以下幾種情況。一是當面少承諾，處事緩表態。承諾和表態是需要兌現的，因此一定要慎重。一不要哥們義氣，沒聽完什麼事就有求必應，到頭來則騎虎難下；二不要高傲自滿，聽見別人的表揚和讚美就「找不到自己」，為「知音」摘星攬月，最後摔成重傷；三不要不好意思，對沒有把握的要求採取「先推後試」的策略；不要「先應後試」，搞不好則不歡而散。

二是遇事快處理，定性不定量。少承諾，緩表態，不是遇事不決策。遇到你分內的事、緊急的事，一定要果斷處置，敢於承擔責任，先把事情擺平。但對拿捏不準的、超出職責範圍的，表態時要注意方法，「定性不定量」。如下面員工提出獎金不合理時，肯定員工反映情況是對的，聽敘述有一定的道理。你可以說：「我清楚了，我會向有關部門反映，你先工作去吧，三天內給出回信。」這樣既可化解矛盾，又肯定員工的做法，不便當時表態，事後了解情況給予答覆，比較全面。

三是想好了再決策，三思後再決定。對一些重大問題的決策，一定要三思而後行，調研找實情，想好了再決策。重大事情決定後再改變，會喪失自己的威信，引起因決策改變損害自身利益的員工強烈不滿，產生強烈的排斥感，所以一定要注意。

因各種原因，當你不能兌現承諾時，解釋時應注意下面的問題：

首先是告知實情，不說假話。承諾無法或延後兌現時，一定要說實話，說真話，不要說假話，不要繞著彎說話，不要過度強調客觀原因。大家對沒完成承諾的人還是可以原諒的，對說假話的人是不會諒解的。

其次是留有餘的，不要把話說滿。承諾沒兌現，二次承諾一定要留有餘地，話千萬不要再說滿，承諾再次不兌現，否則你的威信就掃地了。

承諾再次作出，就要牢記於心。作出的承諾，特別是再次承諾，一定要牢牢記住，千萬不要再忘記了。承諾是沒有再三再四的，忘了就是不把別人當回事，別人更不會把你當回事。

誠信是做人之根本，承諾考驗人的誠信。上司都應該經受得起考驗。

心理學小祕訣

承諾是對人的一種約束，它鼓勵人們戰勝困難，實現自己決定的目標，提醒人們退卻和逃避的危害，告誡人們要對自己的決定負責任。心理學實驗證明，公開的承諾使承諾能者更好的規範自己的行為。

體察下屬的情緒變化

下屬的工作狀態受心情的影響，當下屬有什麼事情不高興時，可能會影響到工作，這叫把消極情緒帶進工作。我們強調要修練情商，要懂得控制好自己的情緒，不要讓消極情緒影響到工作，但生活的不快、煩惱和痛苦產生的情緒要完全不影響到工作，是不現實的。而且，當某一工作受阻，或者完成得不好，也常常會產生一些情緒，影響到其他的工作。所以，作為上司，要對下屬察言觀色，當發現下屬的情緒有些變化時，就要在適當的時間和地點和他進行溝通。

有一天，某公司採購科的王亞茹看起來心事重重，說話很不耐煩。總經理知道她平時不是這個樣子，估計她一定發生了什麼事情，就對她說：「王亞茹，有什麼事情不愉快？」她勉強的笑了一笑。總經理說：「好吧，你先做事，我們中午一起吃飯。」吃飯時才知道，原來那天早上她和老公發生口角。

這雖然是王亞茹家的私事，但她是公司的採購科長，負責每年一億五千萬的預算，當她家的私事影響到工作時，做總經理的就得管管。總經理靜靜的吃飯，等她敘述完，然後開始說他的想法，並和她坦誠的交流。之後，她一下就好像又沒事了，回到公司又工作得很有活力。

如果心情不好是因為工作的困難或不順造成的，上司一定要和部屬溝通，或者適當的予以指導，提出自己的意見，幫助部屬解決問題。上司要了解部屬，多和部屬溝通，這樣才可能發現問題。試想一下，當上司連員工的名字都叫不出來，上任幾個月了也沒有召集部屬開過一次會，沒有和部屬溝透過，那麼怎麼可能去了解部屬，體察部屬的心情呢？

某分公司優秀的資深導購沈亞哲，其父因病去世，對他打擊很大，其痛苦可想而知。對這樣的一位優秀員工，在他感情最脆弱的時候，在他最需要關懷的時候，在他痛苦的時候，作為公司主管，就應該給予關懷，給予親切的慰問。

從關懷的角度，在沈亞哲父親重病期間，公司主管應該派人去看望他父親，應該派人參加他父親的追悼會。可是實際上沒有一個人去看望，沒有一個人參加他父親的追悼會。甚至在沈亞哲回公司上班後，也沒有一個主管表達一下安慰的心意。可以想像沈亞哲有多傷心。在沈的家人看來：你們公司沒有一個人來，是不是你在公司做的很差？如果他的家人這樣問，沈亞哲將何言以對？

沈亞哲對公司很失望，甚至還準備辭職，因為他做得不開心。可他很猶豫，畢竟公司培養了他，公司可以缺乏人情，可他不能不講情義一走了之。就這樣，沈亞哲一直帶著強烈的煩悶情緒在工作，工作效率也就可想而知了。

心理學小祕訣

主管要學會體察部屬的心情，要學會洞察人性，學會了解員工的內心世界，這是一個優秀的管理者應該具備或者需要學習的能力。如果主管對部屬的心情總是沒有一點理解，只是把人當做機器一樣，不進行人情關懷，部屬就會只用身體工作，不會用心工作。

解決下屬的生活困難

隨著經濟的發展和時代的變遷，人們心與心之間的溝通變得平淡和稀少，真有一種「君子之交淡如水」的趨勢。其實，每一個人都需要別人的關懷，人與人之間的溝通越是減少，越需要人間真情。在寂寞的生活中，一個問候，一個微笑，一杯熱茶，一句溫暖的話語，都可以讓人感動。

在職場工作的人都很辛苦，壓力也越來越大，工作強度和難度也在增大，都需要得到別人理解和關懷。尤其是希望上司能夠理解，能知道他們的不容易。

員工過生日時，上司有沒有送去一個祝福？部屬生病時，上司有沒有一個問候和探望？部屬的家裡有難處和困境，上司有沒有表示過慰問？部屬是否有生活煩惱，上司是否提出你的意見和幫助？這些生活的點滴雖然與管理無關，但要讓部屬用心工作，就要用心關愛你的部屬，他的工作、生活，甚至情感。

在歷史上，關懷下屬的上司不乏其人。戰國初期吳起是一個常勝將軍，除了他卓越的軍事才能以外，他對將士的關愛也是常勝的重要原因。當一個士卒的心歸屬於他的時候，士卒就會將生命置之度外，奮勇殺敵。

據史料記載：吳起做主將，跟最下等的士兵穿一樣的衣服，吃一樣的伙食，睡覺不鋪墊褥，行軍不乘車騎馬，親自背負著捆紮好的糧食和士兵們同甘共苦。有個士兵生了惡性毒瘡，吳起替他吸吮膿液。這個士兵的母親聽說後，就放聲大哭。有人說：「你兒子是個無名小卒，將軍卻親自替他吸吮膿液，怎麼還哭呢？」那位母親回答說：「不是這樣啊，往年吳將軍替他父親吸吮毒瘡，他父親在戰場上勇往直前，就死在敵人手裡。如今吳將軍又給他兒子吸吮毒瘡，我不知道他又會在什麼時候死在什麼地方，因此，我才哭他啊。」

吳起關愛部屬的故事應該是我們五千年歷史的絕唱。父親戰死沙場，毫無悔意，義無反顧把兒子送到前線，兩代人跟隨吳起，無怨無悔，實在值得我們深思。在管理中，上司當然不需要去給部屬「吸吮膿液」，但有沒有一種關心的觀念？當部屬有困難時，上司有沒有伸出我溫暖的手錶現關心呢？

唐太宗貞觀二年，京城長安一帶久旱無雨，引發蝗災。唐太宗李世民心急如焚，覺得待在宮裡不是一個辦法，於是到地裡巡視莊稼遭災情況，慰問受災百姓。

一天，李世民在巡察的時候，看見蝗蟲，就捉了幾隻，禱告說：「人有糧食吃才能活命，可今天你吃莊稼，禍害老百姓。老百姓有了過錯，責任在我一個人。你要是有靈，就吃我的心，而不要禍害老百姓啊！」說完就要將蝗蟲吞下肚裡。

大臣們連忙勸阻說：「吃了蝗蟲恐怕會致病，皇上千萬不要吃。」太宗回答：「我只希望把災禍轉到我一個人身上，哪還顧忌什麼疾病呢？」於是斷然吃下了蝗蟲，在場的人無不動容。自古以來，不顧人民死活，搜刮民財，只圖自己安逸享樂的皇帝和官員在歷史的更替中何止幾人？而且很多在歷史上都留下千古罵名。正如今天的個別老闆，只知道賺取工人的血汗錢，卻不知道給工人應有的利益，別說買保險，連正當的薪資都不給，甚至出現工人為了討薪資，只能以跳樓警示世人；

有的人為了討要薪資遭人毒打。這樣的老闆賺了一些錢，但卻缺失人性，會遭到輿論的譴責和人們唾罵。從《易經》的角度看，是要受到報應的。

每個人的胸懷是不一樣的，有的人大度，有的人喜歡計較。但胸懷是可以磨練的，如果注重「仁」的修練，懂得關愛，那麼，一個仁厚大度的卓越管理者就不會是一句空話。

老闆要成就一番事業，就需要有一批人才為他忠心耿耿的工作，有值得信賴和可以託付的人。部屬和老闆不在一條船上，是沒有辦法合作的，所以資深主管就和老闆分道揚鑣。這種情況並不都是資深主管的問題，有時可能是老闆太斤斤計較，有時是老闆胸懷太小，有時是做老闆的不懂得關懷部屬，缺失愛心，一開始就沒有把部屬當自己人看，結果別人只好另覓東家。

心理學小祕訣

個人幸福感作為當前心理學中的一個熱點問題，其核心理念是對人的終極人文關懷。儘管人類可以製造出很多工具來代替人的勞動，使人們獲得肢體上的解放，但人們精神的壓力並未解脫。所以對人的終極關懷不僅需要物質上的豐富，也需要精神的滿足，且這兩方面應該是結合在一起的。

為下屬營造「幸福場」

在「領導」一詞中，「領」表明這人必須是高人，必須在很多方面人都高人一籌，能夠看到別人看不到的東西，或者具備別人沒有的能力，否則他就不具備「領」的資格；「導」就是輔導、教導，說明整個團隊是以這個人為中心，他來輔導其他人，把自己的能量向團隊成員輻射。所以「領導」就是高人，以他為中心，他對其他成員產生輔導、教導作用，使團隊更有效的完成組織的目的。

事實上，如果我們還是一昧的在「領」和「導」上下功夫，在一個平面上想問題，想來想去也是無法解決的，所以要跳出平面思維，對「領導」的認知要修正。而善於為下屬營造「幸福場」，就是對「領導」這個詞的修正和再發揮。

所謂為下屬造一個「幸福場」的意思就是能讓每一個人把他的內在潛能，內在動力發揮出來。在組織中，如果下屬可以自主決定，自主了解我們組織的目標，然後向這個方向來努力，每個人的積極性都能夠自發的、很好的發揮出來，就會成為企業的「永動機」。

透過發揮下屬的主觀能動性，激發下屬的自我潛能，形成一種前進的「動力場」，最後形成一種我們大家能夠感受到的「幸福場」，這樣這個團隊就能做到大家工作都很快樂，工作也就不是單純的工作了，是大家都非常希望來做到的一件事情。從管理層面上講，調動各方面的力量來形成一個「場」，幫助下屬解決各種各樣的問題，這就突破了領導能力對這個組織的不利因素的制約。

如果你能營造一個讓下屬自發的、積極工作的「幸福場」的話，就會為企業獲得取之不盡的動力。

心理學小祕訣

強烈的責任感和熱情，往往發生在源於特定場景的強烈刺激或突如其來的變化之後，它具有迅速、激烈、難以抑制等特點。人在責任感和熱情的支配下，常能調動身心的巨大潛力。

把下屬當作合作夥伴

在傳統觀念中，企業和員工的利益是相對立的，管理者把下屬當作分享企業利潤的敵人。在這種管理理念下，企業與員工是雇傭與被雇傭的關係，員工只是企業的一顆螺絲釘，管理者可以隨意對下屬發號施令，下屬必須服從。

當時代發展到了今天，管理者已經越來越認識到在這個以服務為主導、資訊密集、競爭激烈的時代，企業和員工的利益是一致的，因為個人的創造力、競爭力以及主動精神，才是現代企業競爭中最重要的資源。於是，下員工所扮演的角色已經不再是默默無聞的「螺絲釘」，或者賺錢工具，而是企業發展的策略合作夥伴，是企業管理者的親密合作者。

事實上，下屬的需求並不僅僅展現在物質方面，上司僅僅把人當作一個追求物質財富、分享企業利潤的「經濟人」的觀點是片面的。當人們滿足了基本的物質需求之後，就會有被尊重和實現自我價值的需要。如果下屬只是被當作商品或是用薪資雇來的打工者，那他們自然沒有義務與公司同發展共命運。當下屬不被尊重的時候，他們也就沒有積極性，企業也不會取得好的發展。在獨斷專行的企業環境中，下屬更傾向於消極抵抗，甚至是掉頭而去。與此相反，當企業管理者突破了那種把人當作「賺錢工具」的觀念之後，就會將員工看作是企業的合作夥伴。

毋庸置疑，合作夥伴的利益與企業的利益自然是一致的。當上司致力於和下屬建立良好的合作夥伴關係時，下屬就成了企業重要的、不可或缺的人。當下屬認識到自己是企業的合作夥伴時，就會產生歸屬感和榮譽感，也會負起自己作為一個「合作夥伴」的責任來，積極主動去工作，為企業的發展獻力獻策，工作效率也會提高，從而為企業創造更大的價值。

第一，更新領導理念，開發下屬潛力。在這個過程中，上司應該充當人力資源教練角色，讓自己部門的下屬進行合作，並為其合理的目標定位、實施引導，同時給予足夠的施展空間，並及時鼓勵。

第二，培養下屬的創業熱情與熱情。如果下屬不關心企業的生存與發展，就根本沒有創新意識，從而導致企業管理的費用呈幾何級數成長，企業的凝聚力降低。而若能與下屬保持良好關係，下屬就會充分把自己視為人力資源開發的主體，將個體的發展充分整合到企業的發展之中，從而創造出永遠充滿活力的企業組織。

第三，為下屬提供培訓機會。上司要給下屬提供培訓機會，讓他們用足夠的時間理解企業文化，透過交流，確定一致的目標和價值觀。透過不斷的溝通，教給員工正確的方法，帶動文化的融合。

第四，給所有人提供機會。幫助下屬規劃職業生涯，提供發揮專長和各盡所能的工作職位，使得員工和公司的關係更緊密，夥伴的友誼更長久。

第五，建立健全獎懲機制。對具有高姿態、願意在需要時付出額外努力的下屬，一定要給予獎勵，不能採用學歷的高低和在公司裡工作時間的長短等標準；對個別落伍的人要採取懲罰或淘汰制。

心理學小祕訣

柔性管理能夠使下屬和上司之間建立起良好的合作夥伴關係，使企業和員工成為一個利益共同體，從而達到企業和員工雙贏的目的。

不要對下屬頤指氣使

在許多企業中，下屬在面對上司時，總是顯得唯唯諾諾，小心謹慎。上司本人也高居於職員之上，對下屬頤指氣使，使得有能力的下屬都不敢充分發揮自己的主見，只知道按上司的指令去做每一件事。

上司應該懂得這樣的道理：公司競爭說到底是人才的競爭。哪一位治理者的手下有一班精兵強將，哪一位治理者就具有了市場競爭的實力。在這個意義上，上司要改變治理時高高在上的弱點，增強自身在下屬中的凝聚力。

那麼，怎樣才能避免對下屬頤指氣使，進而發揮下屬的主觀能動性呢？以下十個方面需要上司高度注重。

（一）要注重傾聽。下屬對你反映目前的業務情況，不要在下屬面前表現出高高在上，並要認真了解許多自己不知道的事情。要讓下屬喜歡接受你講話，並知道你也喜歡他們向你報告情況。

（二）叮囑下屬遵守規章制度。要反覆告訴下屬經營規則的制度，不能期望你一言不發，下屬就能自覺的自然而然的去遵守。當然，叮囑之餘，你要表現出信任你的下屬，相信他們做事的才幹。

（三）主動聽取下屬的意見和看法。下屬總希望自己的聰明才智被上司賞識，他們有時講出話並不是信口開河，而是多日思考的結果。這正如一位偉人所言：「真理經常把握在群眾手裡。」

（四）不要把下屬當成賺錢工具。上司不要認為下屬拿了薪資，就該為你工作，而是要參與其中，積極主動的去幫助下屬，以順利實現工作目標。

（五）切勿以其昏昏，使人昭昭。上司搞不清楚下屬們是否都很稱職，認為做得好與不好是下屬的問題，而不是自己的問題。正確的態度是，上司應發現誰沒有把工作做好，並把這當作自己的工作，幫助下屬做出成果。

（六）了解下屬的思想情緒。上司不清楚下屬對他的期望是什麼，他甚至認為要了解這些下屬的內心世界太花時間了。其實，這正是上司的分內事。上司要經常告知下屬自己對他們的期望究竟是什麼，讓下屬心裡明白，這樣，雙方目標一致，才不會產生誤會。

（七）客觀看待下屬的工作。有這樣一種上司，對下屬的工作做得好與不好他都不過問。下屬做好了，他認為是自己領導有方，下屬做得不好，他認為是自己領導無方。其實，下屬做得好與不好，上司應明明白白的告知他們。下屬做出了成績需要得到認可，他們做錯了，也要獲得一個改錯的機會。

（八）幫助下屬樹立信心。上司對下屬沒有信心，總認為自己的能力比他們都強，這樣不好。碰到再大的困難，首先自身不要洩氣，其次要多給下屬鼓氣，讓他們充滿信心的去做，奇蹟往往就是這樣創造出來的。

（九）杜絕剛愎自用，多提建設性意見和建議。有的上司不願動腦筋想對每個人都好的方法，卻頑固的認為，自己確立的方法就是最好的方法。其實，能適合任何人的方法即是最有效的方法，它能提高每個下屬的工作效率。

（十）不要獨占功勞。有的上司太重「名」，不認為許多工作成功是下屬的功勞，卻把它看作自己的成就。上司應虛懷若谷，把業績看作是群策群力的結果。

心理學小祕訣

頤指氣使是一個人缺乏文化內涵的展現，實質是為自己尋找心理平衡。如果一個上司把下屬當成尋找心理平衡的工具，以獲得滿足感、優越感，以滿足自己的控制欲、占有欲，必將產生官僚主義。這樣的人，就是精神乞丐。

不斷提升自身領導力

著名管理學家皮魯克斯曾說：沒有能力者，只能在失敗的邊緣上鋌而走險，並且永遠看不到希望。凡是從事領導管理工作的人，應當是能力的合併者，一方面使自己成為解決問題的專家，另一方面使所屬部門的管理工作優質化，拋開能力，而一味的夢想把管理工作做好的領導，無疑都是不可思議的。

領導不僅僅是一門科學，同時也是一門藝術。全方位提升個人素養是提升領導力的必然途徑。因此作為領導者，必須訓練並強化自己各方面的能力。

領頭能力：領頭能力就是表率作用，只有自己首先帶頭不斷學習提高，下屬，團隊的能力才能不斷提高。

實幹能力：行動勝過一切「吹拉彈唱」，有些人嘴上功夫美妙絕倫，上可通天，下可入地，但一遇到實際問題就犯頭痛病，不知東西，舉手無措。真正的領導不是靠說出來的，是靠實幹做出來的。

貫徹能力：你只有讓別人放心，別人才對你放心，任何事情都有內在的聯繫，領導者之間也有上下左右的聯繫，如何把上級的指令貫徹下去，讓其不走樣，是對一名領導者是否合格的檢驗。有效的做到上傳下達是領導者應具備的最基本的能力。

組織能力：任何一名從事管理的人，都必須培訓這樣的能力，創造工作效率。在一個組織中，成員貢獻的力量是不可估量的，一個好的領導可以讓成員的力量無限大。

統籌能力：領導必須善於統籌，善於安排，把雜亂化為整齊，把無序變成有序。好的領導者都知道自己的目標是什麼，因此能夠從所有的細節進行統籌規劃。讓事情按其所期望的那樣進展。

管理能力：領導者必須強化自己的管理素養，才能培養和提高自己的管理經驗和管理能力。

凝聚能力：涵養深厚的領導者，多半是根據別人的人生經驗和學問，加以培養和成長，而成為自己的涵養。接近這種領導，會覺得如沐春風。

公關能力：領導者的公關能力，可以讓事情化大為小，化有為無。對於領導者而言一定要掌握一定的公關能力，積極主動的與政府進行溝通，最大限度的得到政府的支持和幫助。

指揮能力：領導者在指揮下屬的時候，不能只領導，只下達命令，而不做引導和一定的指導，高高在上的領導是不能達到良好的指揮作用的。作為領導必須給下屬以正確的指引，這才是有效的指揮。

授權能力：授權的一條最根本的準則就是要因事擇人，視德才授權。授權是為了把事情做好，領導必須能夠識別人才，選擇思想品質端正，有事業心和責任心，有相應才能又精力充沛的人授之以權。

集權能力：集權若發揮得好，有如下優點：政令統一，標準一致，力量集中，有利於統籌全域。分權如果發揮得好，有以下優點：能較好的發展個性和特長，較靈活的應付局勢的變化，下屬可積極主動的工作。

辯才能力：一個領導者必須能夠識別人才，一個領導者能否堅持公道正派，任人唯賢，是關係到人才命運的大問題。領導者要學會用人，大膽用人，靈活用人，不拘一格的用人。

管人能力：成功的領導者多以溫和和富有人情味的方法管理下屬，也就是說以詢問、鼓勵和說服等方法帶帶他們前進。

激勵能力：領導者應該掌握感情投資的方式和方法，不失時機的進行一些感情投資，這對於控制下屬讓他們為自己做事往往能收到異乎尋常的效果。

溝通能力：沒有溝通，人與人之間就會形成一道屏障。有了屏障大家就會有一口氣堵在胸中，身心不爽，疙疙瘩瘩。有時候，不怕矛盾，也不怕產生問題，怕就怕沒有必要的溝通手段，從而把矛盾和問題越積越深。因此領導者必須掌握並不斷提高自己的溝通能力。

創新能力：做事有兩種方法創新和模仿。領導者要想擁有創新的能力，必須了解自己，並且掌握別人的變化。不斷開發創新能力，是領導者從事管理活動的指揮的源泉，也是其工作的主要動力。

應變能力：領導者在工作的過程中，要根據事物的發展變化審時度勢的作出機智果斷的應變。

做事能力：領導者若要成功做事必少不了用心，用腦，用力。作為領導者必須從小事做起鍛鍊自己的做事能力，提升自己的做事信心和品質。

自控能力：作為領導者不讓自己的情緒冒出來是最難以駕馭的，因此領導者必須學會控制自己的情緒，提高自我控制和自我調節的能力。

開會能力：領導者的開會能力，看似小事，實則是周圍人衡量其管理水準的一個標誌，必開之會和可開可不開之會是領導者心中必須清楚的兩種類型。如果沒有效率的開會，就會造成疲軟現象。

演說能力：口才可以給人增添魅力，好的口才是成功的資本，領導者的演說能力就是口才的一種表現形式。領導者不但要說而且要說得準確、簡潔、動人。

談判能力：領導者的談判能力是智慧的表現，智謀的應用。談判是一場看不見刀槍的戰場智慧較量，領導者務必要做到知己知彼，靠自己的鐵嘴銅牙戰勝對方。

這些能力涉獵廣泛，內容全面，有助於管理者全面綜合思考自己的「能力問題」，讓優秀者更優秀，讓欠缺者變完善。那麼，在實踐中應該怎樣做呢？

（1）**懂得做人**。品德高尚是成功之本。會做人，別人喜歡你，願意和你合作，才容易成事。怎麼讓別人喜歡你呢？真誠的欣賞他人的優點，對人誠實、正直、公正、和善和寬容，對他人的生活和工作表示深切的關心。在人際關係中，奉行「己所不欲，勿施於人」的原則，不以自我為核心，能設身處地為別人著想。

（2）**充滿熱忱**。熱忱有時候比領導者的才能重要，若二者兼具，則更完美。要產生持久的熱忱方法之一是定出一個目標，努力工作實現這個目標，而達到目標之後，再定出下一個目標，再去努力達到，這樣做可以提供興奮和挑戰，維持熱忱於不墜。

（3）**終生學習**。領導能力、決策能力是學來的。領導者只有不斷的學習才會把企業做得更好，衡量企業成功的尺度是創新能力，而創新來源於不斷的學習。不學習不讀書就沒有新思想，也就不會有新策略和正確的決策。

（4）**有效溝通**。上司與下屬之間的有效溝通，是管理藝術的精髓。比較完美的企業領導者習慣用約百分之七十的時間與他人溝通，剩下的時間用於分析問題和處理相關事務。他們透過廣泛的溝通使員工成為公司事務的全面參與者。

（5）**贏得擁戴**。企業領導人的夢想不管如何偉大，假如沒有擁戴者的認同與支持，夢想只是夢想。假如說領導人需要具備什麼特殊天賦的話，那就是感受他人目的的能力。從某種意義上說，領導人好比是在高舉一面鏡子，將擁戴者心中最渴望的事，反射回給擁戴者。當擁戴者看到反射回來的圖片時，他們會認出來並立刻受到吸引。

（6）**勇於自制**。具有高度的自制力是一種難得的美德，自制力是指引行動方向的平衡器，正因為你身上的熱忱和自製相等，才使你達到平衡。這種平衡能幫助你的行動，而不會破壞你的行動。在管理活動實踐中，一個有能力管好別人的人不一定是一個好的領導者，只有那些有能力管好自己的人才能成功。

（7）**注重家庭**。比較完美的企業領導者在家庭上所花的時間，絕不能少於做事業的時間，因為他們生存得好與壞取決於此。習慣於像工作一樣的生活，才是真正而全面的成功。

（8）**經營健康**。壯志難酬的企業領導人，往往是因為沒能戰勝一個最大的敵人，即不健康的身體。企業領導人通常在「不尋常的時間」中處理事物，如果有某種宿疾，那麼你的成功之路必定荊棘滿布、困難重重。強健體讀魄，才能使你成就事業。

心理學小祕訣

自我管理和自我了解包含對個人身分、個人信念、價值、能力、行為的認知，以及對環境的創造和控制，對自己情感情緒的管理和控制。還包括個人性格特徵和自我形象管理。不會管理自己的人亦無資格管理他人，不會經營自己的人就不會經營自己的事業。

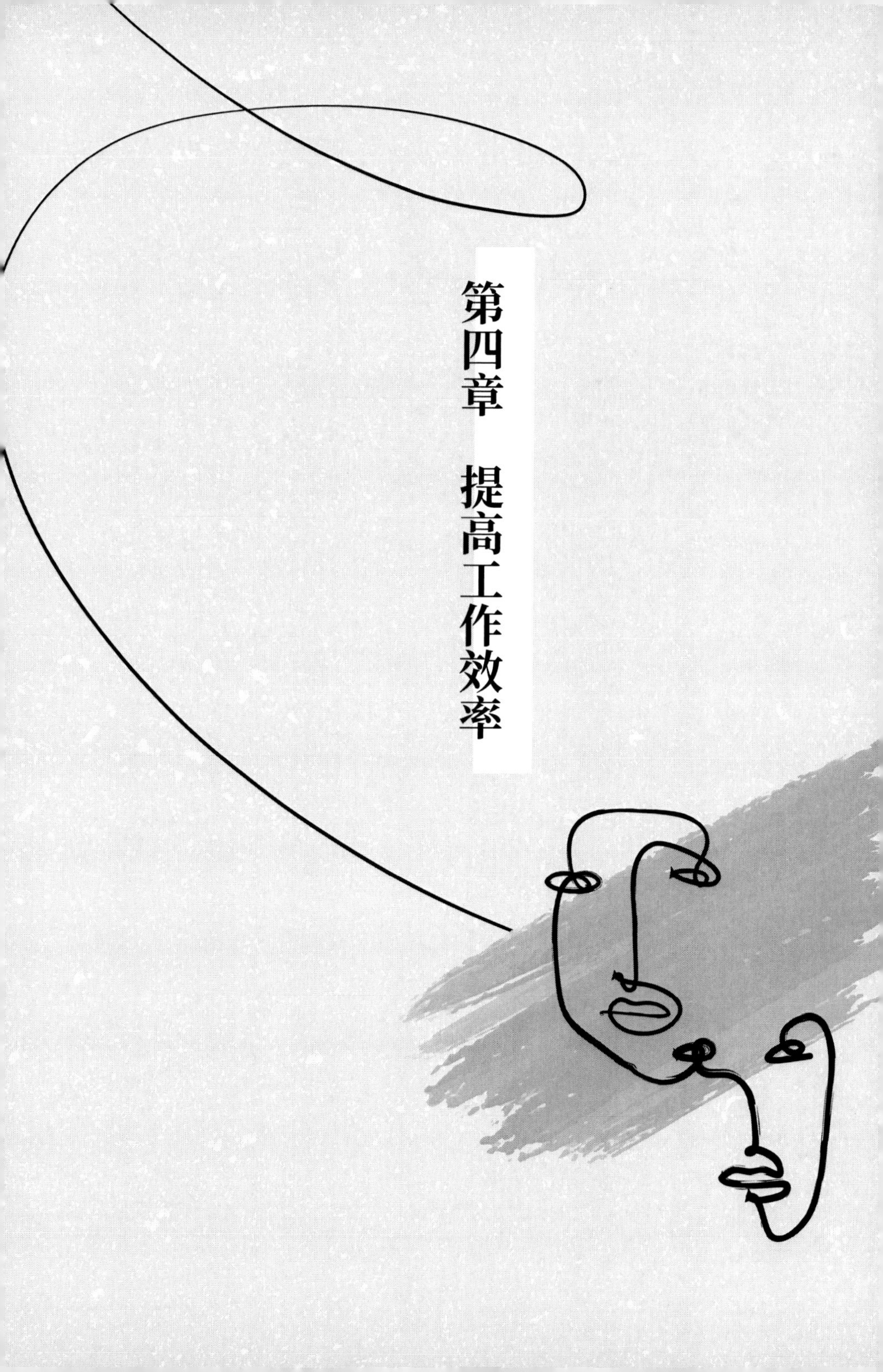

第四章　提高工作效率

提高工作效率是職場的主旋律，為此而改善的職場「硬體」環境僅僅是一個方面，更為重要的往往是「軟體」條件，即職場工作人員的綜合素養，尤其是心理素養。員工的軟體建設是需要在心理衛生方面下一番工夫的。因為「精神汙染」會渙散人們工作的積極性，乃至影響工作效率、工作品質，從某種意義上說要比大氣、水質、雜訊的汙染更為嚴重。為了最大限度的發揮人的潛能，提高工作效率，本章從各個角度闡釋了工作效率低下的成因，並提出應對策略和解決辦法，幫助職場人士創造更多的佳績。

選好你的第一份工作

你今天的一切狀況，無論好不好，都是由你昨天的選擇決定的。有一個故事講的是，有三個人要被關進監獄三年，這時，監獄長允許他們每人提一個請求，三個人的選擇各不相同。美國人要了三箱雪茄，法國人要一個美麗的女子三年相伴，猶太人要的是一部與外界溝通的電話。

三年後，第一個衝出來的是美國人，他大喊「給我火柴！」原來他忘了要火柴。法國人出來的時候，還抱著自己的孩子。最後走出來的是猶太人，他緊緊握住監獄長的手說：「這三年來我每天與外界聯繫，我的生意不但沒有停頓，反而成長了百分之兩百，我不怨恨你關了我三年，相反，我要送你一輛勞斯萊斯！」

這就是選擇所導致的截然不同的結果。從職場來看，因為選擇不明智，成為很多人跳槽不成功的原因。

每個人的第一份工作選擇，將大大影響著跳槽的成本，因為一個人在原來的職位上已經強化自我的認識了，所以，跳槽者需要用大量時間、精力去學習新的制度乃至工作知識，建立新的人際關係等。這些都需要付出更大的努力，並且在一個較長的時間才能展現出來的。

在這裡有一個很悲哀的現象，那就是很多時候，人們在生活中的選擇都是非常認真的，比如說很多人買水果的時候，會去挑選最漂亮最飽滿的；買衣服時也會買最合適最滿意的。但是在職業選擇上，卻存在著那麼多的盲點，往往不加思考，也不考慮產業前景，投出履歷，有合適的面試就去，面試過了就上任，上任之後就按照職位要求工作。

這是一種多麼可怕的選擇，自我選擇效應的存在就是要求每一個人應該多一些對職業的思考，而不是盲目的跟著別人走路。要知道第一份工作，需要一個人花更多的時間去關注和思考，如果一個人能夠找到屬於自己的方向，並且堅持走下去，即使路上有荊棘，那麼他依然能在慣性的驅使下堅持自己的發展，最終也必定到達他想去的地方。這裡給你講一個陳文的例子。陳文和同學們一起畢業了，很多人說大學畢業意味著失業。但是沒有哪一個同學坐以待斃，大家都紛紛投入了發履歷、實習、找工作的過程中。陳文和別人不一樣，她沒有馬上找工作，而是時常在大學校園裡散步、思考。在這個自己生活了四年的美好校園，看著昔日朝氣蓬發的同學為了投履歷、面試而焦頭爛額、絞盡腦汁，她萌生了創業的衝動。

有一天，她想買杯奶茶喝，偶然發現學校裡的奶茶店並不多，喝不到奶茶的陳文從中嗅出了商機。於是經過了周密的考察之後，她先到品牌奶茶店打工學藝，像奶茶的製作、店鋪的經營打理和招徠顧客的方法，她都用心記在心裡。之後她回到學校，租下了幾十平方公尺的店面，又精心設計了時尚前衛的格局，口味各異的奶茶也一應俱全。

陳文在很多同學的質疑中，開始了創業。她對自己的選擇從來沒有後悔過，她堅持了自己的理想，從一開始的選擇店面、籌集資金，到招聘員工、簽訂協定，再到裝修完畢正式經營，每一步，對於陳文來說都是一個嶄新的領域。但是，她認為在這個過程中吃的所有的苦，都能夠強化自己的能力。

不但如此，陳文還發揮了自己的優勢，因為她本身就是這個大學畢業的，所以她更了解學生的需求和喜好。她開始給同學們辦理學生卡，定期推出「每週特價奶茶」，給予一定幅度的優惠等。她還在店內設計了小茶座，有時候老師和學生在課後溝通問題，就可以來這裡邊喝奶茶邊說話。

就這樣，陳文靠著一步步往前發展的路線，她的店已經在校園越來越受歡迎。而且，靠著這種成功的經驗，陳文還逐漸往鄰校發展，在短短一年的時間，當其他同學還在專業和入職的矛盾中選擇的時候，陳文已經發揮自己的優勢，開了三家自己的店，成為時尚而不為生活所累的小老闆。

在職場中，我們必須重視這樣的一種選擇，那就是職業和事業。這兩者是不同的概念。如果一個人的事業和職業能夠結合得非常完美，那麼職業選擇也是非常完美的。在選擇一個產業的時候，不能單單考慮眼前的利益，一個產業，至少要讓你可以賺到未來十年的錢。

但是，如果你盲目選擇，每天只記得按時上班下班，完成老闆交代的工作，那麼你就沒有為自己賺錢，而是在為老闆賺錢。你也沒有理想，而是以老闆的理想為理想。如果長期都是這樣生活，你可以在這個錯誤的選擇中穩穩當當的做一輩子。如果要轉向其他的道路，就將付出更高的成本。

所以，如果你還沒有擇業，就應該懂得選擇什麼，才能讓你在十年後不被生活所累。如果你已經入職，但是開始的都是機械化的生活，你就應該停下匆忙的奔走，問一問你的心，你究竟想要什麼樣的生活，然後正確選擇，果斷出擊。

心理學小祕訣

在心理學中，自我選擇指的是一旦個人選擇了某一人生道路，就存在向這條路走下去的慣性，並且他們會不斷自我強化。正確的自我選擇，將對一個人的一生大為有利。

把工作與興趣結合

我們無法保證，每天都是在做自己喜歡的工作，就算你有跳槽的本領，也不可能找到完全符合你興趣的工作。而且，每一篇「求職者須知」都告訴你要適應工作，而不是讓工作來適應你。因此，我們在面對自己不喜歡的工作時，也要保持一定的熱情，讓自己把工作與興趣結合。

許多人認為，所謂工作，就是一個人為了賺取薪水而不得不做的事情。另一部分人對工作則抱著大不相同的見解，他們認為，工作是施展自己才能的載體，是鍛鍊自己的武器，是實現自我價值的工具。日本M電機公司的科長山田先生曾表示：「之所以有的員工認為工作是為了賺取薪水而不得不做的事情，是由於他們都缺乏對工作的興趣。」

山田先生曾以一種非常遺憾的口吻回憶了他自己年輕時候的教訓：他從大學畢業進入M電機公司時，被派往財務科就職，做一些單調的記帳工作。由於這份工作連中學或高中的畢業生都能勝任，山田先生覺得自己一個大學畢業生來做這種枯燥乏味的工作，實在是大材小用。於是，他無法在工作上全力投入，加上山田先生大學時期成績非常優異，因此，他更加輕視這份工作。因為他的疏忽，工作時常發生錯誤，遭到上司責罵。

山田先生認為，自己假如「當時能夠不看輕這份工作，好好的學習自己並不擅長的財務工作，便能從財務方面了解整個公司，這樣一來，財務工作就會變得很有趣。」然而，由於自己輕蔑這份工作而致使學習的良機從手中流失，直到後來，財務仍是山田先生薄弱的環節。

由於山田先生對財務工作沒有全力以赴，被認為不適合做財務工作而被降至營業部門。但身為推銷員，又必須周旋於激烈的銷售競爭中，於是他又陷入窘境。這對山田先生而言，又是一種不滿。他並不想做一個推銷員才進入這家公司，他認為如果讓他做企劃方面的工作，一定能夠充分發揮他的才能，但公司卻讓他做一個推銷員而任人驅使，實在令人抬不起頭。所以，他又非常輕視推銷的工作，盡可能設法偷懶。因此，他只能達到一個營業部職員的最低的業績標準。

山田先生回想起來這段經歷時認為，如果當時能夠不輕視推銷工作而全力以赴，自己就能夠磨練在人際關係上的應對、進退能力，並能培養準確掌握對手心態的方法，而加以適當的經商辨別。然而，自己當時卻一味敷衍了事，以至於後來仍對自己人際關係的能力缺乏自信，這一直是他非常薄弱的一環。

此後，山田先生又因此而喪失身為一個推銷員的資格，並被調至調查課。與過去的工作比較起來，似乎調查工作最適合山田先生。終於讓山田先生遇到一份有意義的工作，而熱愛並投入於此，因此才逐漸提升其工作績效。

但由於過去五年左右的時間，山田先生非常粗心的工作態度，使他的考核成績非常不理想。當同期的夥伴都已晉升為科長時，只有他陷入被遺漏下來的窘境。這對於山田先生來說又是一個非常大的教訓。過去公司所有指派的工作，對於山田先生而言，都各具意義。然而，由於山田先生只看到工作的缺點，以致無法了解這些工作乃是鍛鍊自己弱點的最佳機會，也就無法從工作中學習到經驗而遺憾至今。

山田先生的就職經歷告訴我們，大多數的人未必一開始就能獲得非常有意義的工作，或非常適合自己的工作。倒是有相當一部分的人，剛開始都被派做一些非常單調呆板和自認為毫無意義的工作，於是認為自己的工作枯燥無味或說公司一點都不能發現自己的才能，因而粗心行事，以至於無法從該工作中學到任何東西。

因此，對待任何工作，正確的工作態度應是耐心去做這些單調的工作，以培養出克己的心智。如果最初無法培養這種克己的心智，漸漸的便難以忍受呆板單調的工作，而一個又一個的調換工作場所，並慢慢的被調到條件差的工作職位，而逐漸成為無用的人。即便是單調且無趣的工作，也應該學習各種富有創意的方法，使該工作變得更為有趣且富有意義。

就上班族而言，最重要的是在年輕時代去體驗各種工作，特別是去經歷自己所不專長的工作，從而開拓自己所不具備的能力。這是因為，無論是在財務方面所知有限，不善處理人際關係，還是缺乏經營觀念或是技術不精等缺點，對一個上班族而言，都將導致難以大展宏圖的困境。

心理學小祕訣

一個不信任自己的人，一個悲觀處世的人，一個只把自己的成果當成僥幸的人，不可能成為成功者。成功者和他們的態度是截然不同的。成功者在找到了自己的目標後，總是以強烈的進取精神千方百計的去創造條件，去實現目標，從而大大增加了自己成功的機會。即使遇到挫折，他們也會積極進行分析，調整自己的心態，去進行新一輪的努力。而當事情有了進展，他們往往能充分肯定自己的已有成就，並以此來增強自己前進的勇氣。

馬上把計畫付諸實施

當你定出你的明確目標之時，就是你開始運用你個人進取心的時候了，開始執行你的計畫，組織你的智囊團。儘管你會發現在執行計畫的過程中，你的目標會發生一些變化，但最重要的是「馬上展開」你的計畫。

開始一項不甚完全的計畫，總比拖延行動要好得多，「拖延」是你發揮個人進取心的大敵。如果你一開始就讓拖延變成一種習慣的話，那麼它必將蔓延到日後你的每一項行動中。盡一切努力使你的計畫付諸實現，並從錯誤中學習經驗。別理會那些說你的行動是自毀前程的人的話。當初卡內基決定將鋼鐵的單價從每噸一百四十美元降到二十美元，以此作為他進入鋼鐵業的目標時，曾受到許多人的嘲笑。而當卡內基達到他的目標時，那些嘲笑他的人連一分錢都沒賺到。

如果你需要別人的建議時，就付錢請教一些專家吧！你從同事或朋友那裡得來的「免費建議」將和你付出的代價一樣，因為這些建議常常沒有任何實質性內容。

別讓外在力量影響你的行動，雖然你必須對他人的驚訝和你所面對的競爭做出反應，但是，你必須每天以你的既定計畫為基礎向前邁進。用你對成功的想像來滋養你的強烈的欲望，讓你的欲望熱情燃燒，最好能燒到你的屁股，隨時提醒你不可在應該行動時，仍然坐著等待機會。

每當你完成一件工作時就應進行一番反省：這是自己所能做到的最好成績嗎？如何能做得更好？何不現在就使自己更進一步？

無數事實證明，是否能夠發揮個人進取心，取決你對於每次機會的覺醒程度，以及你是否在發現機會時立即行動而定。

心理學小祕訣

個人進取心是一種要求甚多的心理特質，它的實踐需要許多心理資源作為後盾，「馬上行動」就是集中展現。當你的進取心處於低潮時，不妨以豁達、積極的心態面對，使新的生命力再度發揮出作用。

努力培養工作熱忱

熱忱是一種神奇的要素，吸引具有影響力的人，同時也是成功的基石。誠實、能幹、友善、忠於職守、淳樸，所有這些特徵，對準備在事業上有所作為的人來說，都是不可缺少的，但是更不可或缺的是熱忱，它會使你將奮鬥、拚搏看作是人生的快樂和榮耀。

發明家、藝術家、音樂家、詩人、作家、英雄、人類文明的先行者、大企業的創造者，無論他們來自什麼種族、什麼地區，無論在什麼時代，那些引導著人類從野蠻走向文明的人們，無不是充滿熱忱的人。但是，如果你不能使自己的全部身心都投入到工作中去，你無論做什麼工作，都可能淪為平庸之輩。你無法在人類歷史上留下任何印記；做事馬馬虎虎，只有在平平淡淡中了卻此生。如果真是這樣，你的人生結局將和千百萬的平庸之輩一樣。

在職場中，熱忱是工作的靈魂，甚至就是生活本身。你如果不能從每天的工作中找到樂趣，僅僅是因為要生存才不得不從事工作，僅僅是為了生存才不得不完成職責，這樣的人註定是要失敗的。

當你以這種狀態工作時，你一定犯了某種錯誤，或者錯誤的選擇了人生的奮鬥目標，在天性所不適合的職業上艱難跋涉，白白的浪費著精力。

這時，你需要某種內在力量的覺醒，你應當被告知，這個世界需要你做最好的工作，你應當根據自己的興趣把自己的才智發揮出來。事實上，從來沒有什麼時候像今天這樣，給滿腔熱情的人提供了如此多的機會！

熱忱，是所有偉大成就取得過程中最具有活力的因素。它融入了每一項發明、每一幅書畫、每一尊雕塑、每一首偉大的詩、每一部讓世人驚歎的小說或文章當中。它是一種精神的力量。很難想像得出，一個對工作沒有絲毫熱情的人能夠將自己全身心的投入到工作中去，並且創造出好的工作業績。

人的情緒常處於變化之中，但工作熱情是一種積極的心態，其中融入了你對工作穩定的感情和態度，即使偶爾有不良情緒干擾，但這種對工作的熱情不會因此而衰退。使熱情發生減退的原因主要有以下幾方面。

一方面是工作能力和工作難度差距較大。如果工作太簡單了沒有挑戰性，激發不起熱情；工作太難，能力不夠，這種差距容易使人自信心受挫，喪失工作熱情。因此，選擇與自己能力相符的工作是很有必要的。

另一方面認為，工作只是為了完成任務，認識不到工作的真正目的。工作只是為完成任務，自然少了一份熱情，多了一份懈怠。用目標激發熱情，可以讓工作更富有活力。

還有就是抱著懈怠的工作態度。本來是比較感興趣的工作，也會因你隨便、懶散、懈怠的工作態度而失去熱情。消極心態是積極心態的剋星，消極情緒滋生，積極情緒則會衰減，這是一種此消彼長的關係。

針對這些情況，應該怎樣培養出對工作的熱忱呢？

首先，你不要看到這項工作就立即產生厭惡感，並讓這種厭惡感蔓延。你應先試著把這種厭惡感扔到一邊，嘗試做這項工作，慢慢了解工作本身，看能否在工作中找出自己比較感興趣的問題。一般而言，當你靜下心來了解、熟悉工作時，會逐漸產生興趣。

其次，想辦法激發熱忱。興趣不是產生熱情的唯一條件，即使你所從事的是你感興趣的工作，但有時熱情也會發生衰減，這就需要在工作中找到適當的方法激發和鞏固熱情。培養工作的熱情，需要一種輕鬆的心情，如果壓力太大，干擾太多，情緒會受到影響，從而影響熱情的激發。

最後，對工作的熱忱源於對工作的了解。長期的、穩定的熱忱來源於對工作本身的熱愛，多了解工作本身，了解它的過去、現在，預測它的將來，拓寬你的視野，你發現得越多越深，你對工作的熱情就越高。

心理學小祕訣

熱忱是可以分享、複製，而不影響原有的程度，反會增加利潤的心理「資產」。你付出得越多，得到的也會越多。當你興致勃勃的工作，並努力使自己的老闆和顧客滿意時，你所獲得的利益就會增加。

培養樂觀工作的情緒

樂觀主義是建設性的力量，樂觀主義對人就像太陽對植物一樣重要，樂觀就是心中的太陽，這種心靈中的陽光構築生命、美麗，促進它範圍所及的一切事情的發展。我們的心理能在這種心靈陽光的照射下茁壯成長，正如花草樹木在太陽照射下茁壯成長一樣。

日本的「水泥大王」淺野一郎，二十三歲從鄉下來到繁華的東京時，看到有人用錢買水喝，感到很奇怪。當時有的人面對此情這樣想，東京這個鬼地方，連用點水都要用錢買，生活費用太高了，怕難以久居，於是這樣想的人離開東京。可淺野一郎並不這麼想，他從這件事中看到了生機：東京這地方，連水都能賣錢！他一下子振奮起來，從此開始他的創業生涯，後來終於成為東京的水泥大王。這就是一位樂觀主義者的態度。

那些總是只看到事物陰沉黑暗一面的人，那些總是預測自己可能不利和失敗的人，那些只看到生命中醜惡骯髒和令人不快一面的人，將受到致命的懲罰，他們會使自己一步一步接近他們看到和他們擔心的那些東西。

樂觀主義是工作的力量。為了使自己的生活更幸福，我們必須努力工作。怎樣才能在工作中做到樂觀呢？

首先，要樹立正確的人生觀、世界觀。人為萬物之靈，這是因為人具有思維能力，即人所獨有的極其複雜、豐富的主觀內心世界，而它的核心就是人生觀和世界觀。如果有了正確的人生觀和世界觀，一個人就能對社會、對人生、對世界上的萬事萬物持正確的認識，能採取適當的態度和行動；就能使人站得高，看得遠，做到冷靜而穩當的處理各種問題。

其次，不要對自己過分苛求，應該把奮鬥目標定在自己能力所及的範圍之內。盡量使自己有圓滿成目標的可能。這樣，你的心情就會十分愉悅。

再次，學會自我調控，排除不良情緒，讓自己在愉快的環境中度過每一天。積極向上的情緒狀態，使人心情開朗，輕鬆穩定，精力充沛，對生活充滿熱情與信心。因此生活中應避免不良情緒的發展，遇到不好的事，要換個方法變個方式思考，你將大有收穫。

最後，避免煩悶情緒的困擾。向朋友、親人傾訴，以疏解煩悶情緒。自我放鬆，多參加休閒運動。積極參加團體活動，做好人際關係，你會發覺你的每一天都是快樂的。同時，對世俗複雜環境能避開的就避開，遠離小人，不要輕信別人的胡言亂語，要有自己的主見。相信自己的能力，一定能將工作做得更好。

心理學小祕訣

樂觀是心胸豁達的表現，樂觀是生理健康的目的，樂觀是人際關係的基礎，樂觀是工作順利的保證，樂觀是避免挫折的法寶。只有樂觀的心態，才能吸引那些與成功體驗相關的思想；懂得利用樂觀主義這一心靈的陽光，才能為我們照亮光明的前途。如果你想獲得財富，就不應該繼續想著貧窮。如果你想有一個健康的體魄，就不應該想著疾病的身軀。如果你想取得考試的成功，就應該拋棄測驗失敗的痛苦回憶。

怎樣處理工作中的失誤

美國一位名叫墨菲的上尉有一個同事，這個同事的運氣非常糟糕，墨菲上尉就開了這樣的一個玩笑說：「如果一件事情有可能被弄糟，讓這個倒黴的同事去做就一定會弄糟。」這句話被很多人傳開了，因為大家都認可這樣的一個規律：那就是事情如果有變壞的可能，不管這種可能性有多小，它總會發生。這就是「莫非定律」。

墨菲定律告訴人們，容易犯錯誤是人類與生俱來的弱點，不論一個人的經驗有多豐富，大腦有多縝密，錯誤都會發生。職場中的錯誤更是常見，從某種意義上來說，任何公司的業務都可以這樣界定：公司業務就是反覆出現問題和解決問題的循環過程。

失誤在所難免，但如何處理工作中的失誤，這才是更重要的。墨菲定律的積極意義在於提醒人們錯誤的正常性，處理自己失誤的關鍵一步在於能不能冷靜面對。打個比方說，一家快遞公司在給顧客遞送郵件的過程中，發現不能按時送達，這個失誤是必然要產生的。積極的處理方法就是立即給顧客打電話，表示歉意，然後推測出快件到達的大概時間，這樣就便於顧客準時安排自己的日常活動，就不至於大為光火。

處理錯誤一定不能消極，企圖掩埋錯誤，會給自己埋下更多的定時炸彈。可以把錯誤想像成火，如果在火苗燃起的時候立即滅火，一切都來得及，但是如果等到火勢大了，那麼災難性的打擊就會出現。

張強是一個工作失誤率幾乎為零的員工，他和自己對面坐的同事劉泉幾乎形成了鮮明的對比，他經常看到劉泉接到各部門的投訴電話，不是這裡的表格填得不夠全面，就是和客戶吃飯的時間沒有及時彙報。這讓張強真的為劉泉捏把汗。

有一天張強好心的建議劉泉，應該重視公司的制度，可以專門在電腦上做一個工作資料夾，把公司的每一條制度全部都列出來，當想要做某項事情的時候，就可以先看一下相關的制度，然後再去行動。拿接待客戶來說，既然公司已經要求與客戶吃飯喝茶，開發票的時間要和自己公出的時間一致，那麼就注意和客戶吃完飯離開的時候，馬上索取發票。張強還很有經驗的告訴劉泉，不要相信餐廳暫時沒有發票要下次來取的說法，和他們據理力爭一下，老闆馬上就會把發票開好，雙手送到你面前。

聽到張強的說法，劉泉感謝了他的好意，但同時也說明了自己如果這樣操作是有一定困難的。劉泉的性格本來就偏於外向、爽朗，讓他陪客戶吃晚餐後，認認真真的去索取發票，他還是時常會忘記。

劉泉對待失誤也有自己的解決方法，無論哪個部門來糾正他的失誤，他從來不和別人辯解，也不會生氣，有時候還開玩笑說：「老弟，我怎麼可能故意給你找麻煩呢，給你找麻煩就是給自己找麻煩呀！」一陣爽朗的笑聲過後，大家也就不和他計較了。

後來，當出現一些問題，大家開始抱怨是誰出現了細節的失誤時，報出劉泉的名字，所有人居然都會嘴角一樂，覺得這個人出點問題再正常不過了。

部門重組的時候，上司的安排是讓張強繼續留在原職，他對面坐的是新來的員工，上司這樣安排是希望張強的謹慎可以教會新員工少犯錯誤。但是對於劉泉的安排，卻讓張強大跌了眼鏡。劉泉談下了幾個重要的客戶，給公司立下了汗馬功勞，劉泉還永遠擺脫了那些容易犯錯誤的環節，因為公司給他成立了一個新部門，他就是新部門的上司，不再受制於繁瑣的流程。對於這樣的安排，張強本以為同事們會心存不滿，這樣一個「小錯不斷」的人居然做了上司！

上司宣布這個安排的時候，大家給劉泉的是熱烈的，發自內心的掌聲。

這個故事重要的一點是，對待任何錯誤的態度，無論錯誤大小，都不能狡辯，更不能推卸責任，否則再小的錯誤也會因為不當的舉措，而釀成大錯。在自己沒有給公司創造巨大的、讓老闆覺得你獨一無二的價值之前，要清掃死角，消除不安全隱患，降低工作失誤機率。

心理學小祕訣

如果你的周圍，有一個零失誤的同事，想想看，他就會成為你的魔障；如果你的旁邊坐了一個完美的同事，他可能就是你內心的地獄。所以，任何一個人對待自己都不能過於苛刻。如果天天做的都是警惕犯錯誤，那麼就沒有精力去更好的思考本職工作，要知道會出錯的事總會出錯。如果你擔心某種情況發生，那麼它就更有可能發生。

換工作，你想清楚了嗎？

最初找工作，也許你只是為了生活，想賺兩個麵包錢暫時屈就，滿以為「產業輪流轉，不行咱就換」，但是一旦踏入那行，你很可能就出不來了。隨意換工作，其實是職場生存的最大忌諱之一。

「女怕嫁錯郎，男怕入錯行」，工作產業對一個人的一生來說是非常重要的，千萬要謹慎選擇，別以為入錯了也不要緊，換行就行，事情並不像你想的那麼簡單。

據報載，一位大學生畢業後在一家運輸公司做搬運工做了十幾年。這個報導確實有點令人吃驚。當記者採訪他時，那位大學畢業生解釋說他當年從學校畢業，一時找不到工作，便經人介紹到運輸公司當臨時工，賺點零用錢。沒想到工作一段時間後，因為他已習慣了那個工作和周圍的環境，也就沒有積極去找別的工作，於是一做便是十幾年。年近四十歲的他也不想換工作了。他說：「換工作，誰會要我呢？我又有哪些專長可以讓別人用我呢？」

看了上面的例子，也許有人會說：「換行有什麼難？說換就換吧！」或許你是可以說換就換的人，但事實上絕大部分的人都很難做到這一點。因為一個工作做久了，習以為常了，加上年紀漸大，有了家庭負擔，就很難有勇氣去面對新的產業了。

此外，因為換行要重新開始，有人怕影響到自己的生活，也有人心志已經磨損，只好做一天算一天，有時還會扯上人情的牽絆、恩怨的糾葛，種種複雜的原因，讓你有「人在江湖，身不由己」

的感覺。

古話說的好：「三百六十行，行行出狀元。」產業並沒有好壞之分，那為何我們又提醒人們「千萬別入錯行」呢？

這其實是在提醒大家，找工作一定要擦亮眼睛，找合適你的工作，找你喜歡的工作，找有發展前途的工作。千萬別因一時失業，怕人恥笑而勉強去做自己根本不喜歡的工作。

人總是有惰性的，不喜歡的工作如果做習慣了，就會被惰性套牢，不想再換工作了。這樣日復一日，轉眼三年五年過去了，那時再想轉行，就更不容易了。

另外，還有一點需要重視，入行找工作千萬別涉入非法產業，這種產業有可能讓你一夜致富，但事實上是在火中取栗。良心的譴責、法律的制裁，即使不吃牢飯不送命，也要被人看不起。浪子回頭金不換，但談何容易，大部分人都因為「黑飯」吃慣了，最後還是回到本行。

如果你真的「入錯行」，也有心轉行，那麼就要鐵了心，毅然決然的轉行，否則歲月是不饒人的呀！

不過，在轉行之前，一定要考慮清楚以下幾個問題。第一，你的本行是不是已經沒有發展前途了？同行們如何看待？專家的看法又如何？經過反覆對比、衡量，如果真的已無多大發展前途，你就要另找出路。

第二，你是否真的不喜歡這個產業？這個產業是否根本不能讓你的能力得到最充分的發揮？對自己所從事的產業，如果你覺得已經是阻礙你前進的絆腳石時，換句話說，你覺得越做越沒趣，越做越痛苦時，就盡快另辟蹊徑。

第三，對將要轉到的產業，你是否有個充分的了解？你的能力在新的產業是否能得到充分的發揮？決定改行前，你一定要對新產業進行客觀公正的評估，而不是急著要逃離本行。

第四，轉行之後，你肯定會有一個適應階段，甚至可能產生經濟困難，影響你和家人的生活，你是否做好了心理準備？轉行並不像我們想像的那麼容易，在轉行期間，由於對新產業的業務不太熟悉，可能會很長時間適應不了新工作。因此，必須要做好足夠的心理準備。

當然，話得說回來，我們並不是教你委屈自己死守本行，只是提醒你轉行的風險很大，需要有堅定的決心和非凡的魄力，否則，你一生的希望和幸福可能都會毀在這上面。所以，最好不要輕易換行，尤其不能聽別人說哪個產業好，就嫌棄自己的本行！這種「這山望著那山高」的心態會讓你一輩子都難以安定，一輩子都難以獲得成功！

心理學小祕訣

職業規劃是建立在充分認識自己的基礎之上的。否則，任何看起來很美的職業規劃終究是無本之木，無源之水。在找工作或改行之前，最好先做個職業定位和規劃，不要亂改行，以免越改越亂，越亂越改。如果新工作和以往形成的能力優勢是聯繫著的，就不必放掉原來的能力優勢又重新培養新的能力。

怎樣提高工作效率

在職場上，能否提高工作效率，是個至關重要的問題。每個人的工作要想取得實質性的突破和進展，都必須過提升效率這一關。

你是否有過這樣的體會：在做一項工作時，往往是在剛剛開始做和即將完成時的速度比較快，而且心情愉快、幾乎無疲勞之感，但是，在中間的一段時間裡，操作速度會明顯變慢，且疲勞之感異常強烈。你知道這是什麼原因嗎？

心理學家在經過一番深入研究後，揭示了這種現象背後的生理和心理原因。他們把工作進程劃分為達到最高產量前的產量遞增階段、產生疲勞時出現的工作減量階段、預知工作即將結束時的完工突擊階段。

這個理論並不難理解，我們就以「朝九晚五」的工作進程來說明這個理論。

在開工階段，我們經過一晚上的休息，早晨來到工作地點即將開始工作時會感到精力充沛。這時，我們的感知、思維和操作能力都處於較高的水準，因此，在經過比較短時間的適應工作環境後，工作效率會穩步上升。直至中午十二點左右，這段時間，工作效率將達到全天的最高水準。

據心理學家分析，這一階段工作效率高，除了生理方面的原因外，還可能是由於我們主觀意識上的這種想法：「任務是不會減少的，與其到下班時趕著完成，還不如趁著一開始精力充沛時就多做一些。」因此，也會在一開始工作時幹勁十足。這就是工作進程為達到最高產量前的產量遞增階段。

後來，隨著時間的推移和工作量的遞增，我們的操作便進入了工作進程的第二階段，即產生疲勞時出現的工作減量階段。由於經過了前一階段的體能和腦力消耗，疲勞感日益加重，意志緊張也開始逐漸減弱，這時，工作能力便會開始走下坡了，工作效率明顯下降。

工作效率上不去，也同樣會導致注意力分散，因此錯誤率也就越大，從而導致操作中不得不時常中途停止。這又進一步導致了時間的浪費、工作效率的下降。

在這個階段中，雖然有吃午餐的間歇，但是這短暫的休息並不能達到緩解疲勞的作用。這是因為吃飯時間太短，並且吃飯時大量的血液參與消化過程，使肌肉和大腦的供血相應減少，更影響了體力和腦力活動水準。因此，這一階段的工作量減少、工作效率低下，差不多要持續到下午三點鐘左右。

等這一段時間過後，也就是從三點鐘左右開始，便進入了工作過程的最後階段。這時，工作效率開始逐漸回升，這種狀態會一直持續到下午五點鐘左右。這是因為出現了短時間的掩蓋疲勞效應，因為我們意識到即將迎來下班的時間，我們馬上就會結束這一天的疲勞和束縛了，因此身心受到鼓舞，心情開始興奮。這種興奮掩蓋和抑制了工作的疲勞，因此，工作效率便出現了一天中的第二次上升。

這個階段之所以效率高，還有一個原因，那就是要趕緊把當天的任務完成。因為這已經是完成任務的最後時間了，今天完不成，就得推到明天了。這時的我們就好比是長跑運動員，雖然快要筋疲力盡了，但是由於終點就在眼前，所以會拼盡全力完成最後的衝刺，因此，速度就會加快。

兩頭快中間慢現象給我們很大的啟示。所謂「文武之道一張一弛」，是指生活的鬆緊與工作的勞逸要合理安排。因為人體不是永動機，沒有誰能夠持續保持高昂的狀態，要想使工作更有效率，就得保證精力充沛。因此，在工作或學習時，都不能做疲勞戰術，而應適當的放鬆自己的大腦，適當給身體的各個零件一個鬆弛的機會，因為會鬆弛才會緊張。

我們所要注意的就是，要弄清楚自身什麼時候是精力充沛的，什麼時候會感到疲乏。當生理上精力充沛、頭腦活躍時，就要好好利用這個時機盡量多的做事。而一旦感到疲勞、思維遲緩時，就乾脆停下一切工作去休息調理，休息得越充分就越有利於體力和腦力的恢復，從而使人能夠以最高的效率投入到下一個階段。

針對上述情況，一個最基本、最簡單的休息方式就是午休。現在的許多公司都會把中午休息的時間定得稍微長一些，目的就是使員工得到更充分的休息，為下午更投入的工作養精蓄銳。除了身體功能方面的原因外，工作效率低下還有其他因素，這裡總結了六條：一是工作指導思路變化。一件工作，領導一開始讓你這麼做，但隨著事情的變化或領導思路的變化，不久又讓你那麼做，原來做的無效了，效率當然就低了。

二是培訓不夠，業務水準與承擔的工作不相符。沒有鑽石，但讓你做瓷器工作，當然做不好。不過也沒辦法，新公司、新人員，大家來的都不長，很成熟的人到此地的時間也很短，基本屬於學中做，做中學的狀況。

三是突發工作多。你正在做一件事，又突然來了新任務，常有顧此失彼之感。

四是上下游流程配合不夠。過多的約束，較少的配合，再遇上個把難纏的，任何一個環節壓一點時間，想快都不成。

五是工作安排不合理。時間不合理、任務性質不合理等，雖然是領導安排不當，但歸根到底是你自己沒合理安排工作。主管不會錯，還是你的錯。

六是缺乏工作熱情。員工不可能天天都跟上滿的發條似的，主觀能動性調動不起來，當然也就做得慢了。

那麼，究竟用什麼方式和方法來提高工作效率呢？這裡向大家提出以下幾個建議：

(1) 把所有工作劃分成「事務型」和「思考型」兩類，分別對待。

「事務型」的工作不需要你動腦筋，可以按照我們制定出來的流程做下去，並且堅持做好，不中斷；「思考型」的工作則必須集中精力，一氣呵成，而我們所說的工作效率更多的也在這一點中展現。

對於「事務型」的工作，你可以按照計畫在任何情況下連續處理；而對於「思考型」的工作，你必須妥善的安排時間，在集中而不被干擾的情況下去進行。對於比較複雜的工作，不要匆忙的就做，而是先想，想好具體的步驟和細節處理。當你的思考累計到一定時間後，再安排時間集中去做，你會發現，成果會不用費力，自動達到預期目的。

（2）每天定時完成日常工作。

大家每天都需要做一些日常工作，以和別人保持有效的溝通，或者保持一個良好的工作氛圍；這些常規的工作如果不小心對待，它們可能隨時都會干擾你的工作，使你無法專心致志的完成別的任務，或者會由於你的疏忽帶來不可估量的損失。工作效率低下就是因為某些日常性的工作沒有合理的安排和處理到位，沒有合理的工作安排！

處理日常工作的最佳方法是定時完成，在每天預定好的時刻集中處理日常事情，並且堅持都安排在一個特定的時間段全力解決。只有這樣工作，處理事務的效率才會提高，並且不會給你的其他工作帶來困擾。

（3）列出工作計畫，並且用明顯的方式提示你完成的進度。

記住，工作計畫必不可少！這種計畫並不是為了向上級彙報，也不是為了給自己增加壓力，而是為了讓你記住有哪些事情需要去做，而不是被無形而又說不清楚的工作壓力弄得頭昏腦脹，煩躁不已。

首先，在每週的開始列出本週的計畫，並在具體的工作中根據實際情況完成工作或是根據計畫的改變完成工作任務。然後，每天早上列出時間表，從周計畫中選擇出當天想做的事，並安排具體時間去完成。這張時間表應該隨時在你身邊，一抬眼就能看到，它將隨時告訴你下一步工作的內容！最後，必須進行工作計畫的總結，把自己做完的事進行記錄！這樣有助於養成良好執行力，提高自己的工作效率！

（4）工作成果共用。

我們經常在工作中發現，因為彼此間的溝通不理想，使有些工作出現連結斷層和重複勞動。將彼此的工作成果共用，是一個很重要的問題。在日常的工作中，各相關人員和部門之間應該細緻的進行工作溝通，將手上完成的、對其他部門有價值的工作成果進行分享，從而減少中間環節，提高工作效率，強化執行力。

（5）了解你自己工作的全部。

讓自己了解工作的全部有助於對工作的整體把握。我們可以更好的將自己的工作與同事的工作協調一致。如果在工作中出現意外情況，必須學會及時上報，讓領導明白自己的工作進度和完成情況，使領導可以根據全局情況，做出機動處理，從而提高全公司的工作效率。

所以說，若要改變自己、改變公司的工作現狀，提升工作效率，強化執行力，就應該從現在開始。按照以下的要求來做，並且要做到貫徹於工作始終，必能收到理想效果。

建立工作列表，隨時記下要做的工作，辦完後注明結果；區分輕重緩急，先做重要的事情，注重效率更注重效果；設置並重視完成期限，成為對自己的承諾；明確具體工作內容，進行工作環節細分；碰到阻礙及時上報，減少工作拖沓的概率。

心理學小祕訣

工作效率的高低，取決於一個人能力的強弱，而能力的強弱則主要取決於心理素養的高低。人的心理素養不是天生的，而是取決於後天的培養與訓練。如果我們了解了自己的心理特點和規律，合理的調整和改變自己，就可以提高工作效率。

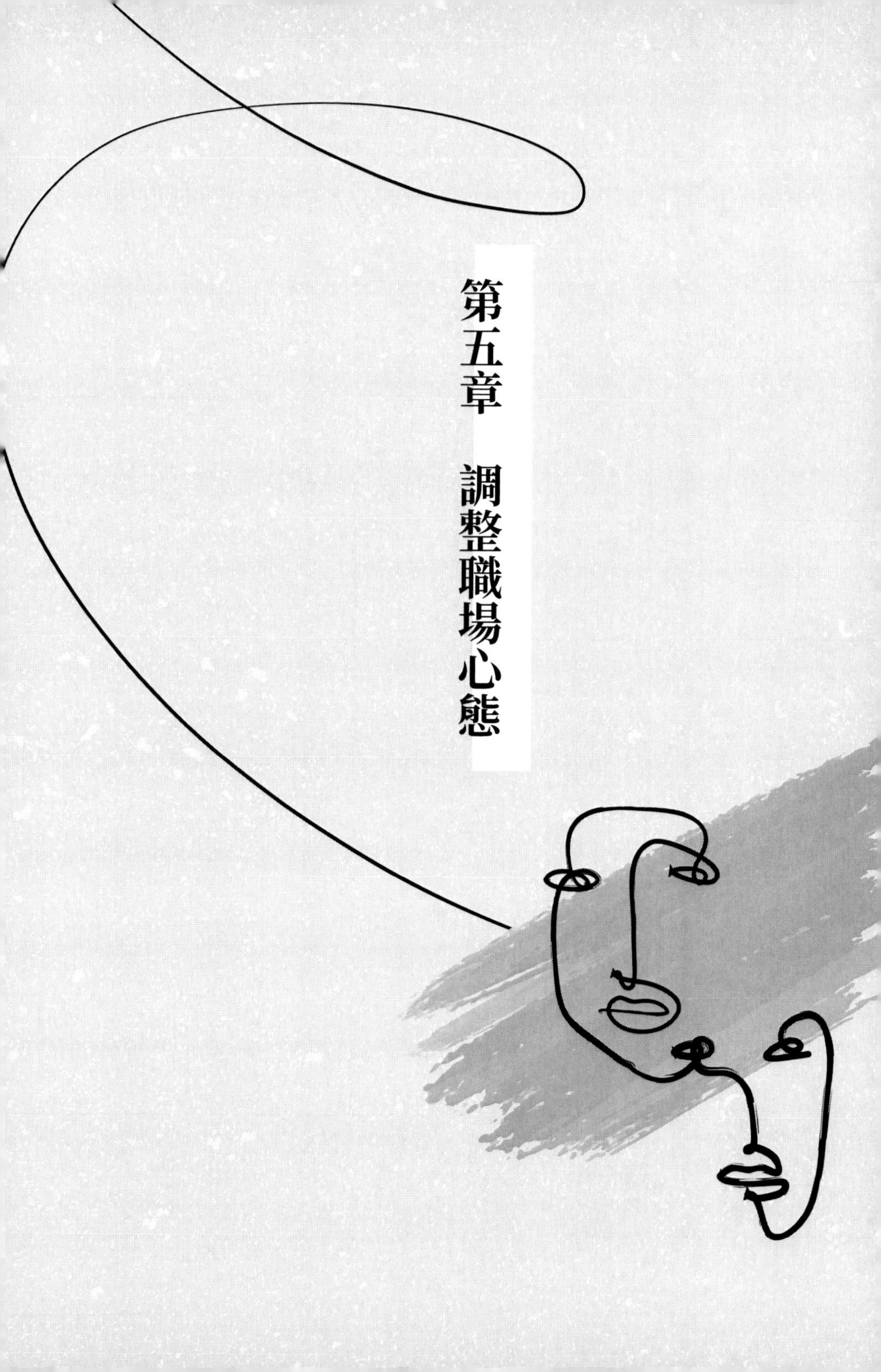

第五章　調整職場心態

世界本來並沒有變，變的只是形式，變的只是我們自己的心理、精神世界和實踐成就。我們每個人的發展，可以說跟世界沒有關係，所以不要過多去管世界如何變化。作為人類主體，我們自己必須不斷增強生存的能力，不斷提高綜合素養。作為一個職場人士，假如沒有這樣的認識，將很難獲得超越常人的未來。為此，這裡提出了經常要修練的功課，即做好觀念和心態的調整與轉變，努力學習應對實踐的技巧與方法，幫助你以陽光心態面對職場人生。

怎樣應對職場心理暗礁

在職場中到處都是看不見的心理暗礁：職業定位模糊、缺乏規劃；對工作感到茫然、沒有熱情和動力；自己的付出和收入不成正比；隨著年齡的增加，職業價值開始下滑……暗礁隨處都是，只要撞上了就會讓你苦不堪言。

那麼，當你撞上不同的職場心理暗礁時，用什麼相對的辦法加以解決呢？

1　職業定位模糊

所謂職業定位，是職場人透過充分了解產業發展，以自己的興趣為根據，確定出自己的職業方向。它是自我定位和社會定位兩者的統一。如果你面臨下列情況，那麼就說明你遇到了職業定位模糊這個心理暗礁：選擇了與自身興趣、愛好不相符的職業；沒有客觀分析自身的優劣勢；對職業現狀不滿意，卻不知所措；職業選擇過多。

針對職業定位模糊，專家建議從以下幾方面來努力：第一，對自身的職業興趣、職業能力、愛好特長進行全面、客觀、系統的評價，以便找到最符合自我的職業角色。第二，分析職業行情和職場形勢，便於給自己定位。第三，每個人的職業發展都會經歷不同階段，在一些關鍵階段，比如職業轉型或跳槽，應該注意理性的思考，揚長避短。第四，必要時可以借助專業的職業傾向、職業能力、職業興趣的綜合測評來幫助自己給職業定位。

2 求職技巧匱乏

隨著職業職位的相對缺乏，越來越多的人開始注意履歷和面試技巧。然而，整個求職過程並不只包括這兩部分，完整的說，它包括挑選企業、投遞履歷、面試和試用期四個部分。顯然，對第一個和最後一個部分，人們都不太重視，進而導致事業不能順利發展。

針對求職技巧匱乏的情況，專家建議：第一，跟應聘職位「溝通」。確切的說是了解職位，明白該職位到底需要具備何種技能和素養，知道提供職位的公司在其產業中位置和發展目標，清楚自己的加入能為公司提供何種幫助等，以便自己根據職位情況，做好充分的準備，向考官展示自身具備的技能和素養。

第二，跟考官溝通。和考官的溝通很重要，如果你不善言談，那麼你可以從自己最拿手的方面談起，以便盡快進入溝通狀態，防止由於緊張而影響交流。

第三，學習、掌握和運用技巧溝通。比如可以想像考官可能問的問題，自己準備面試的題目，讓自己有備而來，練習答題內容和技巧等。

3 職場人際衝突

在職場中，由於分工合作、職位升遷等利益分配問題使同事關係、上下級關係變得複雜化，是一種普遍現象。職場人際衝突的發生是無可避免的，關鍵是看你如何處理。

針對職場人際衝突的情況，專家建議：第一，清楚的認識到人際關係不是工作的全部，在職場中，實力永遠是第一位的。第二，積極面對人際衝突，主動打開心門，和沒有利益衝突的同事建立起友好而和諧的人際關係，這樣不僅能讓心情愉悅，而且能輕鬆獲得他人協作。

第三，避免陷入你爭我奪、勾心鬥角的人際鬥爭中。若不幸被動的捲入其中，最好的方法是裝聾作啞，然後看準時機、抽身而出。

第四，多做事、少說話。要知道，大多數的人際衝突都是因為「管不好嘴」引起的。

4 職業倦怠

所謂職業倦怠，是指職場人在緊張和繁忙的工作之中由於受環境、情感等不同內、外在因素素影響而產生的一種身心不適、情感封閉、心理衰竭和亞健康的狀態。罹患了職業倦怠的人往往會對職業前景感到茫然，缺乏熱情和動力；在工作中容易產生疲勞、厭倦、焦急、煩躁現象；其情緒低落、精神不振、心理疲乏。

如果你正在被職業倦怠困擾，那麼你可以這樣做：第一，分析自己職業倦怠的原因，不僅是來自於工作本身的，還有生活其他方面的都要分析到。第二，分析目前自己工作上的實際情況，看看自己能否很好的完成工作，以及對目前的工作是否滿意。第三，思考你的職業倦怠主要是源自主觀因素還是客觀因素？透過自己的努力有沒有可能克服？如果已經沒有克服的可能性，你就應該考慮換一份工作。

5　薪水不如意

主要分為兩種，一種是由於自己主觀上對市場行情和自己能力沒有足夠清醒的認識，從而導致預期過高；另一種是自己的付出和得到的報酬不成正比。

針對這兩種情況，專家建議，如果原因來自於公司，那麼你應該勇敢的站出來和公司溝通、爭取自己的權益；如果原因是主觀方面的，那麼你就應該積極了解相關形勢，主動調整期望值。

6　缺乏職業安全感

所謂職業安全感，包括個人在職業中獲得的信心、安全和自由等一系列的感覺。一般而言，缺乏職業安全感主要是由這些原因造成的：自身努力得不到所在團體的認可和讚賞；自身的專業能力和技能不夠水準；職位流動性大，競爭激烈；經濟形勢緊張，失業率高；勞動過程中得不到應有的保障。

解決工作不安全感，專家建議從四個方面來調整：

第一，調整自身的工作狀態和節奏，積極的去適應環境和滿足職業要求。

第二，居安思危，透過不斷的學習來完成自我成長、提高自己的競爭力。

第三，化壓力為動力，積極主動的完成工作，掌握主動權。

第四，當自身的利益受到侵害時，比如公司沒有提供可靠的職業安全保障時，要運用法律來維護保障自己的權益。

以上這些只是現實中比較常見的職場心理暗礁，針對個人的不同情況，有需要的話，可以考慮向心理專家和職業顧問求助。

心理學小祕訣

心理學家說：你眼中的世界是你想看到的世界；你做出的反應，不僅是外部因素的導引，也是內心欲望的驅使。所以，緩解壓力，的確需要外部營造一個寬鬆的環境，更需要內部有個良好的心態！

職場壓力過大損害健康

吳萍最近感覺糟透了，升遷、加薪，本應是新官上任三把火，具有更大的工作熱情，但她卻有點「歇火」了，工作一拖再拖，直到無法再拖，對以前很感興趣的工作沒有絲毫熱情，想玩想吃想睡覺、就是不想工作。公司每個月要做一次工作總結，這是很常規的工作。

吳萍感覺自己就要崩潰了，「什麼爛總結，總結有實際意義嗎？浪費時間、浪費精力……」她暗自抱怨個沒完。可怕的是，這種情緒已經傳染到了生活之中，老公出差了，一個人的生活更顯無趣，早上不想上班，下班不想回家，只想出去走走。看什麼都覺得不順眼：天氣熱得很，都市人口太多了，什麼小事都可以成為她滿腹牢騷的理由。

苦惱的吳萍想去旅遊，這也是她能想到的改變現狀的唯一方法，但卻又沒有時間。她這突如其來的壞情緒，是被什麼感染了呢？

壓力本身是一個虛泛的詞，本身沒有任何具體意義，只有在事情中才會展現，它的強度是以我們的內心感受為準的。換成另外一種解釋就是：當你認為你自身具備的能力低於某事件需要的能力的時候，壓力就會出現。很多的朋友都曾經有過這樣的經歷，就是感覺情緒低落、工作、事業沒有動力，同時還多伴有失眠、焦慮、多疑、胃口差等情況，甚至有的朋友還會有一些攻擊性的思維或行為。

有很多的因素可能出現上面描述的狀態，但在這麼多的因素之中，有個因素是必定會出現的，那就是壓力。就像吳萍那樣，升遷的同時，也意味著更多的責任和壓力。當面對這種新的壓力和挑戰的時候，吳萍採取的是逃避態度，從而讓壓力像滾雪球般成長，同時開始慢慢衍生到生活的方方面面。更為可怕的是，壓力甚至會引發疾病。

越來越多的科學試驗證明，壓力與人體的總體健康有很大的關係。背痛、失眠、癌症、慢性疲勞等的形與壓力有關。研究指出，持久壓力將使個別細胞的防線首先受到衝擊，然後整個免疫系統亦會被削弱，甚至崩潰。

在職場當中，每個人都要面臨各種各樣的壓力。這些壓力有的來自工作，有的來自人際關係，有的來自物質，有的來自情感。對這些壓力，有的人有明顯的感覺，有的人感覺則不明顯。那麼，職場中人應該怎樣緩解壓力呢？下面這些建議，尤其值得女性朋友借鑒。

（1）**將工作留在辦公室**。下班回到家中時，即使是迫不得已，每週在家裡工作不能超過兩個晚上。

（2）**提前為下班做準備**。在下班兩個小時前列一個清單，弄清哪些是你今天必須完成的工作，哪些工作可以留到明天。這樣你就有充足的時間來完成任務，從而減少工作之餘的擔心。

（3）**在住所門口放置一個雜物盒**。買現成的或親手製作一個大籃子或是木頭盒，把它放在住所門口。走進家門後立即將公事包或是工具袋放到裡面，第二天出門之前絕不去碰它。

（4）**靜坐**。在進晚餐、去健身房鍛鍊或是抱起小孩之前，花上三五分鐘閉上眼睛做深呼吸，想像著將新鮮空氣吸入腹部，將廢氣徹底呼出。這樣就能夠清醒頭腦，卸下工作的壓力。

（5）**將困難寫下來**。如果在工作當中遇到很大的困難，回家後仍然不可能放鬆，那麼請拿起筆和紙。一口氣將所遇到的困難或是不愉快寫下來，寫完後把那張紙撕下來扔掉。

（6）**創立某種儀式**。給自己創立某種儀式，目的是以它為界，將每天的工作和家庭生活分開。這種儀式可以是在餐桌上與孩子談論學校的事情，也可以是喝上一大杯檸檬汁。

（7）**將家裡收拾整潔**。一個雜亂無章的家會給你一種失控的感覺，從而放大了白天的壓力。睡覺前花上五分鐘收拾一下住所，第二天你就可以回到一個整潔優雅的家了。

（8）**借助音樂**。在準備晚餐、支付帳單或是洗衣服時放一些自己喜歡的音樂。歡快、好聽的音樂，能夠讓你在做家務時增添不少樂趣。

（9）**合理安排家務**。如果想要在一夜之間把所有的家務做完，你自然會感到緊張和焦慮。相反，如果能夠合理安排或是將一些家務留到週末再處理，就能使做家事成為工作之餘的放鬆手段。

（10）**下班路上的享受**。如果是開車下班，可以放自己喜歡的音樂；如果是坐公車或是捷運，可以聽一聽 MP3、或滑手機等。總之，下班路上花上幾分鐘做自己喜歡的事情，有助於緩解工作的緊張情緒。

心理學小祕訣

一定的壓力是人的行為的動力，發展的源泉。但是，如果壓力太大或持續時間太長，超過了個人的承受能力，就會引起心理困擾，繼而引發身體疾病；相反，在伴有強烈的積極情緒中，抗體的反應比正常水準高，身體的抵抗力會增強。

要自己完成「心理斷乳期」

職場中人在工作中，都需要一個親密的工作夥伴，在自己出現問題的時候，可以有人幫助自己出謀劃策，幫助自己解決問題。當一個人有這樣的需要的時候，那麼，只能說他還停留在職場的「心理斷乳期」，依賴性太強，還不能完全擺脫別人而獨立工作。

「心理斷乳期」是每一個人都要完成的階段，因為大部分的人都會有一種待哺的天性，那就是感覺同事比自己強的時候，就想得到他的幫助。在同事能夠提供幫助的時候，人們就開始被動了，自己就不會主動的去解決問題，反正出現問題時，會有人幫自己想。這樣久而久之，就會對工作缺乏責任感，很被動，哪些該做不該做、該學不該學都會變得一塌糊塗。

職場上需要安慰的人應該充分認識到，依賴別人的安慰是可怕的。職場不是校園，在學校，一個人勤學好問是美德，但是工作中，如果總是依賴他人的幫助，不僅會影響個人形象，也會限制個人能力的提升。

如果一個人不小心對安慰產生了依賴，那麼就必須透過行動來戒除，大膽的透過行動去向別人證明。舉個例子來說，如果以前電腦出現故障的時候，都是靠別人解決的，那麼就需要強化電腦知識的學習。想一想，當電腦再出現故障的時候，自己乾脆俐落解決問題，而且，當別人電腦有問題的時候，自己還能幫助別人，這是一件多麼令人振奮的事情。

下面講一個真實的職場例子。曉雪剛畢業就找到了工作。她的工作是師哥高峰給介紹的，到了公司之後，也是由師哥先帶她一段時間。高峰對曉雪非常好，很多時候，高峰發現曉雪和客戶溝通有問題的時候，都會馬上示意曉雪，然後教曉雪如何溝通。

還有的時候，客戶來電話了，曉雪接電話不知道怎麼回答的時候，就會捂著聽筒，趕緊找高峰求救。在高峰的幫助下，曉雪談成了一個大客戶，而且順利轉正，也拿到了巨額的提成。

這時，曉雪換了辦公環境，她和高峰分別在辦公大樓的兩端，這讓曉雪感覺非常無助。看看周圍的人，她都不認識，而且她也不知道沒有師哥的安排，她應該怎樣開展工作。

上一次的大客戶談妥之後，上司又給了曉雪兩個小客戶去談。沒想到，曉雪完全失去了主意，她只能求助於鄰座的張春燕。開始的時候，張春燕還有耐心告訴她，可是過了一段時間，張春燕發現曉雪在能力上是真的存在問題，便不客氣的說：「曉雪，我懷疑那個大單子是不是你談下來的，你對於我們公司軟體的性能都不了解，我不是你老師，希望你遇到問題自己解決，不要耽誤我的時間。」

這讓曉雪既尷尬又痛苦，她終於懂得依賴高峰獲得的成績終究不是自己的成績，因為她沒有經歷過從小客戶做起的這個必要的過程。談大客戶的時候她又沒有發揮自己的思路，完全靠高峰支招，才導致了此刻的被動。

重要的是，試用期已經過了，曉雪知道自己在試用期表現良好、轉正了，工作反而不出成果，這可是非常說不過去的事情。她意識到了事情的嚴重性，馬上調整了自己，發誓要戒除依賴症。

曉雪有問題不再馬上去問張春燕了，而是自己一步步的分析，對自己犯下的錯誤，她也準備了一本工作簿，詳細記錄，時時總結自己的缺陷和收穫。很多很多的問題，曉雪都是靠著自己的分析和總結解決的，每當解決掉一個問題的時候，曉雪都非常興奮，她感受到了自己的成長。

曉雪也不再怨恨張春燕了，當她能夠獨當一面的時候，她看到對桌的張春燕給自己傳來了一個真誠的微笑！

在職場中，虛心請教，借助他人的幫助是無可厚非的，不過想要得到長遠的發展，就不能僅僅把目標放在眼前，覺得問題解決了就好，重要的是應該學到方法。而且，遇到問題，自己解決問題的過程，會比別人教給自己的印象更加深刻。

心理學小祕訣

在職場中，如果你的同事不願意給你肩膀依靠，那麼也不要怪自己的職場環境惡劣，也不必怨恨別人。坦白的說，別人永遠不能成為一個人不進步的理由。正因為如此，你才能更迅速的成長起來。在不斷的提升過程中，自己會心態平和，越來越得心應手，還可以形成領導別人的氣質。

沒理由說自己學不會

人類只有透過學習，才能正確認識自己，選擇自己。從這種意義上來說，職場就是一個人不斷發掘自己另一面的過程。只要發掘出潛力，你就會發現未知的自己，和自己曾經不敢想像的未來！工作就是學習，學習也是工作，在這個過程中，如果能夠有毅力和珍視自己才華的精神，工作完全有可能成為人們喜歡做的一件事情。而人們所做的每一個工作環節，都是自己學習的機會，如果能夠充分利用這些機會，在每一件事情被順利解決的過程中，所學得的知識與技能必然有所增加。

以學習的態度面對工作，還會讓人們關注到其他人的優點，每一個人身上都存在著不同的優點，這些優點一旦被學習，就會在很多時候對自身有所幫助。學習別人的技術技能、工作經驗，只要用心，就可以借著別人的經驗讓自己得到更多的能量。

董哲的工作是在一家外貿公司做總經理助理，但他的理想一直是想做一名記者。一個偶然的機會，透過熟人的介紹，他可以進入一家民營雜志，做了一名記者。這讓他對於個人的職業規劃有了新的方向和規劃。

董哲在大學裡學的是中文專業，又做了多年的總經理助理，人情世故和文筆表達方面都不成問題。於是雜誌的主編就和他在電話裡溝通了另外的兩個問題，第一個問題是會不會攝影，第二個問題是會不會開車。

對於一個專業的記者來說，主編提出的要求並不過分，因為事實證明，一名優秀的記者要是擁有了堅實的攝影功底，工作起來就會如魚得水，為報導增色不少。而且，民營出版社的人員配置更加的經濟，寧願高薪聘用一個既會開車又會採訪的記者，也不會單獨為每個記者配一個司機。

董哲沒料想這兩個問題讓他握著電話聽筒的手心出汗了。怎麼辦？自己非常喜歡的工作就在眼前，可是攝影和開車，他以前想過去學習這兩門技術，但是都因為沒有時間而耽擱了。不知道為什麼，也許是對這份工作的渴望，讓這時的董哲突然鼓足勇氣對電話的另一端說：「沒問題，我會開車，也學過攝影。」

顯然，雜誌的主編對他的回答萬分滿意，不但答應讓董哲去雜誌社上班，而且還應允了他最高的薪水待遇。快要掛電話的時候，董哲很委婉的對主編提出了一個請求，那就是由於個人工作交接的一些原因，董哲還要再過一個月才能正式去雜誌社上班。

由於主編和董哲溝通得非常暢快，於是，稍微思考了一會，主編也答應了董哲的請求，這讓董哲內心暗喜。

掛上電話後，董哲馬上聯繫攝影培訓，並且安排自己第二天就馬上學開車。既然自己已經承諾主編，就不能失信於人，他一定要在這一個月讓自己學會這兩門技術！

透過一個月的刻苦培訓，攝影和開車這兩項董哲都可以及格了，他終於有自信去面對主編了。而且，值得慶幸的是，剛踏入工作的第一個月並沒有需要獨自開車外出採訪的情況，董哲正好趁著這段時間考取了駕照，為自己的職業鋪就了一條「無憂路」。

在工作中，不要輕易說自己不會某項技術。因為很多時候，當你承認自己不會的時候，往往就接受了自己的這樣的一種狀態。任何技術，都是透過後天的學習得來的，所以先承擔下來，也就等於直接給自己學習的壓力和動力。同時，在自己不斷學習，表現良好的時候，再回頭看看你付出的那些艱苦努力，這樣就可以激勵自己走得更遠。還可以將自己的進步告訴家人和朋友，讓他們為自己驕傲，為未來增加信心！

心理學小祕訣

心理學家格拉寧透過研究得出如下結論：「如果每個人都知道自己能做什麼，那麼生活會變得多麼美好！因為每個人的能力要比他自己感覺到的大得多。」這就給人們傳遞了這樣的一個資訊，那就是一個人內在的潛力的確是巨大的，如果不去挖掘自己的潛在能力，它就會自行泯滅。

職場女性，小心成為工作狂

在職場上每天埋頭在工作中的你，還記得自己原是個嬌柔的女性嗎？沒錯，工作對於女性非常重要，但同時也會有很多危害。「新三族」，就是指三種在工作壓力下受害較多的女性工作狂人，即晚睡族、狂奔族和輻射族。

女性工作狂人臨床症狀是：對工作達到痴迷狀態，一旦離開工作，輕者會產生無所事事感，精神不振，重者思慮過度，憂鬱成疾；每天工作超過十小時；從來沒有週末和節假日的概念；基本沒有上下班的界限，家的別名為「有床的工作地點」，辦公室俗稱「加班時可以躺倒睡覺的家」；偶爾陪家人逛街散心，也多半心不在焉，依然惦記著工作。

女性工作狂這種狀態如果持續五年，則會產生諸多毛病，如高血壓、失眠、長期頭痛、腰痠背痛等。

袁嫒，女，三十五歲，職場白領。她的工作已經成了她生活中唯一的重心。每天只要電話鈴一響，她就會最先拎起話筒，在家裡也毫不例外；常覺得公司會議節奏緩慢，十分焦躁；一看同事們工作出色，自己心裡就暗暗著急想盡快趕上；好不容易碰上個休息日，也是在家整理客戶資料，和朋友出去玩時也心不在焉。

袁嫒屬於典型的「工作依賴症」，即由於長期工作壓力大、精神緊張，造成一離開工作環境便覺得不適應。通常只有在工作的時候才會覺得自己很充實，認為自己只有在工作上得到承認才有存在的價值。其實，這是對周圍環境缺乏安全感和沒自信的表現，她成了職場名副其實的工作狂。

女性工作狂人的心理特徵是：

自我中心。因為解決問題而控制了生活的所有其他方面。而解決問題是透過在工作中失去自我來實現的，於是，工作狂的生活變成了「為了工作而工作」的自我沉溺。

否認現實。在組織中，遮罩或者拒絕聽不好的，但卻是真實的資訊或者分析。

完美主義。沉迷於為不可能達到的完美狀態而奮鬥，為一種高品質的產品或服務而努力。她們相信一定存在一個完美的產品或者某種組織形式，因而錯誤是不能發生的，因為它與完美相抵觸。

迷失自我。自我意識是由外部決定的，從其他人的感覺產生的，這就導致難以辨別自我和他我的界限。

非此即彼。當選擇面臨著非此即彼的狀況時，女性工作狂會在複雜的現實中創造出一個簡單的假象。因為她們認為這兩個選擇是不相容的，在兩者間轉換時不會進行聯繫或者整合。

過於認真。女性工作狂太把自己當真，因而導致孤獨感及無能力與他人聯絡。

對於不可控因素反應過度。女性工作狂對她們無法控制的變化反應過度。她們試圖消滅不可預測及可變的因素，透過工作使情況變成可預期。

忽略衝突。她們不能直接處理衝突，因為它表現出差異，而且要求高層次的自我意識及他人意識。

害怕失敗。恐懼失敗比渴望成功的欲望更能夠驅動工作狂。暫時的「失明」。不注意她們的環境、他人、甚至她們自己。這種狀況不僅使她們缺乏觀察現實狀況的眼光，還使她們對今天的事情如何與過去和未來相聯繫失去判斷力。在這裡，心理專家給女性工作狂四點建議：第一，享受生活瞬間的樂趣。工作狂應當學會如何享受偷懶所帶來的樂趣。剛開始的時候要留意一下身邊所發生的事情，例如何使一個孩子在起步階段提高素養，太陽是怎樣越過地平線落下山頭的，或者試著花比平常吃正餐多兩倍的時間寵愛一隻狗等。看電視的時候應有意識的讓自己什麼也不做，學會忽視一些事情的方法。

第二，調節自己的認知。有這樣症狀的人往往具有很強的事業心和責任感，所以，要降低對自己的要求和期望值，不再把工作視為自己人生價值的唯一表現，注意事業與家庭之間的平衡。權衡一下自己為之奮鬥的目標與家庭的關係。在工作之前，工作狂不妨先想想工作是為了滿足生活樂趣，或者長時間工作會使家庭關係破裂等生活不幸，然後問問自己哪一種選擇更值得自己付出。

第三，要有意識的減輕工作壓力。自己不妨列出一份工作日程表，先將自己現時的所有工作專案和工作時間一一寫明，然後考慮哪些可以完全放棄，或至少暫時放棄，哪些可交由他人或與他人合作完成，定出新的工作日程表。

第四，要注意有勞有逸。培養一些業餘愛好，在八小時之外給自己安排一些有益的活動。如能接受心理醫生的科學治療，情況會更好些。

心理學小祕訣

工作狂人的內心深處沒有安全感，再多的財富也無法給他們帶來安寧，而且他們的潛意識中往往有自我毀滅的衝動。瘋狂的工作，既可得到社會的認可，又可在瘋狂工作中毀滅自己的婚姻、健康，達到在潛意識完成自我毀滅的目的。顯然，這是一種病態。職場女性，小心成為工作狂。病態的長期透支，使得她們中的部分人身心耗竭，或給家庭埋下隱患。除了心理專家的建議外，也應該去看看心理醫生。

理性選擇跳槽還是「臥槽」

就一般人來說，跳槽的原因主要有兩種：一是對現在的工作狀況不滿意，二是認為新的工作會帶來更多的機會。其實，到了新公司還會面對同樣的問題。跳槽可能是正確的，但理由未必是正確的。

有這樣一個故事：美國有一個小鎮，居民之間關係非常和睦。一天，一個外地司機問加油站的人：「看你們這裡人都不錯，我們移民到你們這裡來怎樣？」加油站的人問司機：「你們那裡都是什麼樣的人？」司機說：「我們那裡都是小人、惡毒的傢伙。」加油站的人說：「這樣的人我們這裡也有。」過了幾天，又有一個外地人問同樣的問題。加油站的人還是問：「你們那裡都是什麼樣的人？」那人說：「我們那裡都是聰明、善良的人。」加油站的人說：「我們這裡也有。」

這個故事說明，環境都沒有太大的差異，如果你只是因為想換環境而選擇跳槽，你很可能會失望。就職場來說，其實職場是雙向選擇的場所，公司有權選擇自己滿意的員工，員工也有權選擇自己中意的公司，跳槽的關鍵點在於，是不是有一個好的發展前景，或者說，你是否有一個好的老闆。在現代職場上，每一個職業人士都有自己的職業規劃，都會考慮到自己的發展問題。職場人士跳槽的目的，是想找一個能夠給自己提供好的發展前景的「明主」。

跳槽是伴隨著風險的機遇，在你做出最後的決定之前，一定要謹慎的思考，然後再決定自己的去向。如果你在事前缺乏準備和規劃而貿然行事，往往會遭遇失敗。因此在職場選擇「明主」，一定要理智思考，然後再決定自己的選擇。

選明主有技巧，也是需要機遇的。因此，在跳槽之前，你不妨觀察和分析一下你未來的老闆，將跳槽的風險降到最低。當然，如果你有合適並且成熟的機會時，你可以果斷跳槽。所謂「君不賢，則臣投別國」，如果你的老闆對你「能賢而不能盡」，不妨果斷做出選擇。

王先生在一家公司工作了四年，他的外語很好，工作認真負責，很受老闆的器重。然而，由於經濟大環境的不景氣，公司的業務一年不如一年，不少同仁相繼選擇了離開，連掌管業務重任的副總經理也跳槽去了另一家公司。就在公司窮途末路的時候，王先生卻堅定的選擇了留下來。

老闆眼見公司在的經營局勢難以維持，於是將經營重心轉到了海外，同時提拔王先生擔任了公司的經理。除了財務以外，其他的公司事務都交給王先生處理。

一年多下來，公司的海外市場開拓遭遇了困難，而且財務虧損越發嚴重。而在此期間，不斷有公司向王先生拋出「橄欖枝」，然而面對這些機會，王先生想到老闆平日的厚愛以及一年多來的提拔，總覺得不應該在這樣的時候棄老闆於不顧。最後，公司的狀況越來越危急，並最終倒閉。

當斷不斷，反受其亂。職場人士應該更為理性的看待和考慮自己的未來發展，在好的時機出現在自己面前的時候，不要因為一時的不捨而使自己遭遇危機。

值得注意的是，跳槽需要面對的是各方各面的問題。所以，在跳槽之前，要弄清跳槽的利弊。否則沒有弄清楚新工作的狀況就糊塗的跳槽，一旦出現問題，就只能選擇再一次跳槽。

心理學小祕訣

人們在做很多事情的時候，常犯的錯誤，就是不能夠持之以恆，長久的進行下去。如果你沒有好的時機，沒有好的機遇，那麼，跳槽倒不如「臥槽」。雖然你對現在的工作不滿意，但起碼你對現在的環境很熟悉。

如何避免「溫水煮青蛙效應」

在職場中一直流傳著「溫水煮青蛙效應」，說的是美國康乃爾大學在一次試驗中，將一隻健康的青蛙放在盛滿沸水的大鍋裡，青蛙一接觸到沸水，便立即竄了出來，這種超強的彈跳力使得青蛙逃離了死亡的厄運。然後，測試者又將另一隻同樣健康的青蛙放入一口裝滿涼水的大鍋裡，然後開始給水加溫。隨著水溫的升高，水中的這隻青蛙也明顯的感覺到了外界溫度的變化，但是由於測試者是用小火慢慢加熱的，水溫的逐步升高開始並沒有給這隻青蛙帶來太多不適應。但當溫度繼續升高，以至於逐步升高到足以致命時，這只青蛙拼命的想要跳出來，只是此時，牠已經沒有跳躍的能力了，自己原有的那種關鍵時刻的爆發力消失殆盡。

在職場中，和溫水中的青蛙遭遇同樣命運的人，在日復一日，一成不變的工作中，對壓力已經麻木，對競爭完全察覺不到，直到有一天被炒魷魚，才警覺末日來臨。那麼，你應該如何讓自己免於這種境地呢？下面教你三招：

第一招，逐步接近。很少有人能在一開始就從事自己喜歡的工作。即使你現在做的工作自己並不喜歡，一直無緣去做自己所鍾愛的工作，你也不應該為了一時的不如意而放逐自己，應該嘗試著先在業餘時間裡多多接觸自己所鍾愛的工作，或者做兼職，或者多參加自己所鍾愛產業的聚會和交流，或者參加一些相關的培訓，又或者多關注這方面的資訊。雖然這些努力不可能在一朝一夕就讓你看到令人喜悅的結果，但是這樣小步調的靠近能避免倉促進入新產業帶來的不適和挫折感，能幫你在保證「飯碗」的同時，取得相對的經驗和知識；一旦你透過這樣的小步調做好了心理準備和知識儲備，那麼，從事自己喜歡的工作就是再自然不過的事情了。

第二招，調低期望。很多人期望值過高，而現實中卻總也不能如願。

這種如影隨形的挫敗感很容易扼殺掉職業生涯的全部熱情，從而導致青蛙一樣的命運。事實上，每個人都希望自己能夠達成高目標，希望自己對任何事情都是駕輕就熟的，這樣自我價值才能被展現出來。然而，實際情況是，任何事都需要一個過程，都需要去等待才能成功。你有勇氣去挑戰自己、突破自己，這的確非常可貴，可是為什麼不能實際一點，對自己多一些寬容、肯定和耐心呢？不要逼自己去追求那種和實際情況相距甚遠的目標。「一口吃不成胖子」，人終要腳踏實地、一步一步才能走得更遠。因此，在開始的時候，對薪資、職位的要求低一點，對自己犯的錯多包容一點，適當調低自己的期望值，才能最終實現宏圖偉業。

第三招，終身成長。科學家已經明確指出，普通人在一生中發揮出的能力只不過是其全部潛能的絕少一部分，還有絕大部分的能力有待你去開發。因此，你永遠可以比現在做得更好，只要你不斷的去開發自己的潛能、不斷的學習、終身成長。

心理學小祕訣

對漸變環境的適應性，會使人失去戒備而招災，要防微杜漸，居安思危，才能長治久安。強敵會使人奮起反擊，甚至超常發揮戰鬥力；可怕的是在安逸的環境中，壞人利用小恩小惠、長時間的慢性腐蝕，會使你放鬆警惕，散失鬥志。讓我們共同牢記吧，不要做「溫水中的青蛙」！

讓心理保持空杯狀態

我們總是聽人提起空杯心態，那麼什麼是空杯心態呢？一個杯子裝滿水，就不能再盛更多的水了，想要裝更多的水，只有將杯子裡的水倒空。而空杯心態就是指要將心裡的杯子倒空，將曾經的輝煌、失敗都從心態上徹底了結、清空，然後，用嶄新的自我去迎接嶄新的未來。每一個想在職場發展的人都必須擁有空杯心態。

一代武學宗師、功夫巨星李小龍就非常推崇空杯心態，他說：「清空你的杯子，方能再行注滿，不空無以求全。」

在職場上，員工不僅要能幹，還要敢於歸零。每一天都是一個新的開始，過去的失敗不會讓今天的你退縮、怯懦，過去的成功也不會讓今天的你目空一切，始終懷著希望、信念、學習的心態去工作，去生活。從此刻開始，進行全面的超越！

空杯究竟能為我們帶來些什麼呢？空杯心態指引我們找到職場的金鑰匙。公司永遠只為員工的使用價值買單。「倒空」自己，輕裝上陣，才能體現自己更大的使用價值！因為只有善於倒空的杯子才能裝更多的水。

空杯心態幫助我們正確認識自己和世界，激發生命最大的潛能，並與阻礙自己發展的因素告別，讓我們成為傑出的創新者。

具備空杯心態我們能夠提升事業和人生的境界，不斷超越，永創一流。

空杯心態有層次之分，有徹底的空杯，也有半杯水的空杯，還有不溢出來就好的空杯。不同程度的空杯，會造成不同效果。空杯程度越高，帶來的好處也越多；空杯的程度越低，個人所得也就越少。

空杯心態不但是一種職業態度，也是一種修身哲學，一種人生境界。作為在職場中打拼的我們，空杯心態也是不可缺少的，應該永遠懷著謙卑的、渴望成功的心去吐故納新，去實現、超越自己的人生價值。

我們可以透過以下兩步來獲得空杯心態。第一步，張開雙臂，才能擁抱世界。由於受片面資訊和思維定式的影響，我們往往會得出片面甚至錯誤的結論。然而，得出錯誤的結論並不可怕，最可怕的是固執己見的堅持錯誤。當我們封閉自己的心靈和思維時，我們是很難意識到錯誤的，這樣也就出現了傻瓜式的行為及堅持錯誤。因此，不要先入為主的認定，跳出預設立場，客觀的看待事情；牢記生活充滿著無限可能；當你腦中出現「肯定」、「絕對」等字眼的時候，想想有沒有完全相反的可能性。

第二步，大解脫才有大超越。開放的心靈為空杯心態奠定了基礎，但是還遠遠不夠，我們還要往前走，也就是放下。

放下指的是，只要是束縛和阻礙自己發展，使自己步履沉重的包袱都義無反顧的拋棄，包括地位、金錢、面子、貪念以及仇恨等。

放下往往伴有一定程度的艱難和痛苦，因為你必須要放棄的東西，很可能是你最難以割捨的東西，比如金錢、權利等，這要求我們具有寬容、豁達、勇敢等品質。對一個強大的心靈而言，沒有什麼是放不下的。

常聽僧人口中惦記叼著「看破、放下」，看破是基礎，看破了，自然就放下了。僧人的鞋子都有三個洞，這便是為了時刻提醒自己要看得破。著名的證嚴法師曾說：「前腳走，後腳放。」真是再正確不過了。

心理學小祕訣

人生苦短，一味拖泥帶水，不願倒空自己，我們就不可能有充足的精力和時間去做更有意義的事情，就不可能創造出更加美好的人生。當歸零成為一種常態、一種延續、一種時刻不斷要做的事情時，職業生涯的全面飛躍就唾手可得了。

預備你的職場「裝備」

從心理學的角度分析，人們為了達到內心的平衡，追求配套是對的。例如：從商業的角度來看，如果一個商業投資者，想要重新從事一種產業，做一個新的領域，需要一些人力和資金的投入，就要像在做一個新的品牌一樣考慮到配套效應。因為想用以前的舊設施闖新領域的大門是很難的！

在現代職場上，個人的發展也同樣如此，很多行為也是配套的。例如一個銷售人員，經常需要約見客戶，和顧客一起吃飯、喝茶，談生意，在當月向公司報銷費用的時候，一個精明的老闆可能不會因為你報銷的金額不足一百元而欣慰。他反而會覺得很吃驚，因為這和銷售的行為是不配套的。如果我們是老闆，讓我們這樣想像一下，難道一個月，這名銷售人員只約了一名客戶，而且是吃了一餐簡單的自助餐，就算談了業務和投入了工作？其餘的時間，他都用來做什麼了？難道在寫工作經驗總結和工作心得嗎？

這是一家著名金融公司舉行的董事會議，參加的董事共有十名，這些資深董事圍坐在橢圓形的會議桌前激烈的討論著決策，大家各自說著自己充分的理由。

可是出現了這樣的一個的現象。那就是有九名董事都帶了筆記本和簽字筆，而只有一個董事，他不但帶了紙筆，而且在他的面前，還堆滿了一疊疊的文件資料，經大家目測，這些文件每一疊幾乎都厚達十公分。

這次董事會討論的主題是公司未來發展方針的變更和重新定位，所有的董事都有各自的想法，當意見相左的時候，就互相爭論，大家都覺得自己是正確的。雖然大家討論了很長時間，但還是難以達成共識。

就在這混亂當中，那位攜帶了大量文件資料，卻一直保持沉默的董事站了起來，所有正在發言的董事看到後，都不約而同的以充滿敬畏的目光，向那堆文件資料行注目禮。於是，董事會主席遂請那名似乎是有備而來的董事說幾句話。

這位董事站起來，隨手拿起最上面的一疊資料，簡要的說了幾句話，便又坐了下來。之後，經過一番簡短的討論，其餘的九名董事均認為那位最後發言的董事雖然語言簡短，但是道理深刻，而且蘊涵著遠見，就一致同意他的意見，紛亂而冗長的爭論遂告結束。

散會之後，董事會主席趕忙過來與這位一錘定音的董事握手，感謝他所提的寶貴意見，同時也對其為收集資料所下的工夫表示敬意。

說到文件，這位董事露出吃驚的表情，說：「搜集文件？這些文件是另一件事情的文件，因為早上出來的時候，祕書讓我過目，而我正打算開完會就出國辦點事，於是順便把它們也帶到了會場。」

董事會主席非常吃驚，於是說：「可是，您手上拿的那一堆文件上的資料是怎麼回事呢？」

這位董事還是很平靜的說：「那不過是剛才邊聽各位發言邊隨手記下的摘要。老實說，對這一次的會議，我事前根本就沒做什麼準備。只是根據自己的經驗作了短時間的思考，談了一下個人的想法而已。」

其實在工作上，很多時候也是這樣的。如果你是一名女銷售人員，當你約一位非常重要的客戶去吃西餐的時候，你的語氣、情緒、技術層面的東西都控制得非常好，而且，客戶也有購買的需求和欲望，可是那位客戶就偏偏不想和你一起吃午餐，是怎麼回事?殊不知，一切的一切，本應該與女銷售人員的工作有關，可她偏偏在配套裝備中，存在讓客戶厭煩的因素，或裝束、或業務水準、或其他別的什麼。

心理學小祕訣

很多時候，人們都會迷茫於為什麼自己的態度很好，方法也對，而且也具備了豐富的經驗，但是卻遭到別人的拒絕。你不知道的是，生活畢竟不是電視劇，職場有職場的規則和玩法、想做職場達人，就要配好「行頭」。也許，和一個高雅西餐廳不搭配的，正是你的服裝和素顏!

培養職場積極心態的途徑

(1)找出你一生都希望得到的東西，並立即著手去得到它，借著幫助他人得到同樣好處的方法，去追尋你的目標。

(2)培養每天說或做一些使他人感到舒服的話或事，你可以利用電話，或一些簡單的善意動作達到此目的。例如給他人一本勵志書，就是為他帶來一些使他生命充滿奇蹟的東西。日行一善，可永遠保持無憂無慮的心情。

(3)避免任何具有負面意義的說話形態，尤其應根除吹毛求疵，閒言閒語或中傷他人名譽的行為，這些行為會使你的思想朝向消極面發展。

(4)使自己了解一點，打倒你的不是挫折，而是你面對挫折時的心理，訓練自己在每一次不如意的處境中都能發現與挫折等值的積極的一面。

(5)跟你曾經冒犯過的人聯絡，並向他致以最誠摯的歉意，這項任務越困難，你就越能在完成道歉時，擺脫掉內心的消極心理。

(6)改掉你的壞習慣，連續一個月每天減少一項惡習，在一週結束時反省一下成果。如果你需要顧問或幫助時，切勿讓你的自尊心使你卻步，可以請好友監督你。

(7)要知道自憐是獨立精神的毀滅者，請相信自己才是唯一可以依靠的人。

(8)用你全部的思想做你想做的事，不要留半點思維空間給胡思亂想的念頭。

(9)使自己多多活動以保持自己的健康心理，生理上的疾病很容易造成心理的失調，要讓你的身體和你的思想一樣保持活力，以維持積極的行動。

(10)增加自己的耐性，並以開闊的心胸包含所有事物，同時也應與各種人接觸，學習接受他人的本性，而不要一味的要求他人照著你的意思行事。

(11)你應承認，愛是你生理和心理疾病的最佳藥物，愛會改變並且調試你體內的化學元素，以使它們有助於你表現出積極的心理，愛也會擴展你的包容力。接受愛的最好方法就是付出你自己的愛！

(12)對於善意的批評應採取接受的態度，而不應採取消極的反應，接受學習他人如何看待你的機會，利用這種機會做一番反省，並找出應該改善的地方。別害怕批評，你應勇敢的面對它。

(13)以相同或更多的價值回報給你好處的人。

(14)聽聽愉快、鼓舞人的音樂。

(15)當情緒低落時，不妨去訪問孤兒院、養老院、醫院，看看世界上除了自己的痛苦之外，還有多少不幸。如果情緒仍不能平靜，就積極的去和這些人接觸；和孩子們一起散步遊戲，把自己的情緒轉移到幫助別人身上，並重建自己的信心。通常只要改變環境，就能改變自己的心理和感情。

(16)決心是最最重要的心理品質，是決心，而不是環境在決定我們的命運。

(17)假使成功只有一個祕訣的話，那應該是堅持，持之以恆。

(18)被動就是將命運交給別人安排，是消極等待機遇降臨，一旦機遇不來，你就沒辦法。而主動就是自己創造自己的未來，「成事在天，謀事在人」，凡事都應主動，這樣才會有更大的收穫。

(19)沒有人願意跟一個整天都提不起精神的人打交道，沒有哪一個上司願意去提升一個毫無熱情的下屬。

(20)資訊社會的核心競爭力，已經發展為學習力的競爭。資訊更新週期已經縮短到不足五年，危機每天都會伴隨我們左右，只有不斷的學習，你才更具競爭力。

(21)信心就是眼睛尚未看見就相信，其最終的回報就是你真正看見了。建立自信的基本方法有三：第一，不斷的取得成功；第二，不斷的想像成功；第三，是將自己在一個領域取得成功的「卓越圈」運用神經語言的心理技術，移植到你需要信心的新領域中來。

(22)人人崇尚自由，然而，自由的代價是自律。比如你是一個銷售員，就要擴大市場，你是不是能忍受與家人的暫時分離，去外地推銷產品是你成功的前提，這一切，就是你必須「強迫」自己付出的成功代價。

(23)我們在追求成功的過程中，一定會遇到許多艱難、困苦、挫折與失敗。你不打敗它們，它們就會打敗你。

(24)臉上的笑容不僅能傳遞心裡的歡愉，更是贈送給其他人的一份美好禮物，因為笑容可以傳染。樂觀而燦爛的笑容不僅愉悅自己，也會讓身邊的每一個人快樂。

(25)你若能平衡的利用身心各方面的功能，則獲益匪淺。平衡是多方面的，諸如腦力與體力的平衡，左腦抽象思維與右腦形象思維的平衡，站、坐、走的平衡，用眼與用耳的平衡等。這樣能使生理和心理的功能、潛能得以充分發揮，有益身心健康。

(26)在對成功的渴求上，許多職業女性並不亞於男性。女性一定要謹記事業上的成功不是一朝一夕的事，一定要合理安排好自己的生活，保證工作和生活張弛有度。要給自己休閒的空間，無論你從事的是什麼工作，一定要保證每週至少一天的休閒時間。

(27)難於相處的上司、痛苦的失戀、人際關係的煩擾、事業失意，等等，人生煩惱無數，但我們不能對不愉快的經歷耿耿於懷，任鬱鬱寡歡的情緒徘徊不去。我們要盡量學著快速忘記煩惱，不如意時可以找一種迅速轉換煩惱情緒的方式，或睡一大覺，或加入朋友聚會，或投入你最喜歡的一項娛樂或運動中，總之是能讓你忘記的方式中。

(28)有些人總喜歡與人比較，彷彿別人的風光是她心頭的痛，別人得意之時就是他深感挫敗之日，久而久之，心態失衡，心靈扭曲，煩惱叢生。斤斤計較和忌妒一定是快樂心境的剋星。其實我們每個人都有旁人無法代替的優勢，揚長避短專心經營好自己，才會駛入更寬廣的人生路，重要的是平和放鬆的心態。

(29)快樂並不是我們可遇不可求的東西，快樂完全取決於你自己的意念。成功學專家卡內基說，能接受最壞的情況就能在心理上讓你發揮新的能力。人生低潮時你可以轉念一想：我都到了低潮了還能壞到哪裡去？按發展邏輯，低處就是向高處回轉之時，這樣的心境一定很鼓舞士氣。這絕不是阿Q的精神勝利法，而是事情已經糟糕了，不開心也於事無補，不如轉換思路，盡量找樂，為自己打氣。

(30)有時候，太多的不快是因為我們總想獲取卻懼怕失去，並為失去東西煩悶不開心。其實失去和獲得是一對連體嬰，互為依存。失去青春獲得成熟和人生經驗，失去玩的時間獲得辛勤工作的報酬，失去高薪職位獲得渴望過的休閒時刻，失去你愛的人獲得更愛你的人。這麼想過，我們真不應為失而痛，而應不時為失後的得而樂。

（31）我行我素，不為別人的目光違背自己的心意，尊重自己生活的行為方式，做你真正想做的事，做想做的人，才會達到快樂自在的人生狀態，如燕子一樣輕盈飛行。

（32）學會為自己的每一點進步喝彩。任何事只要我們努力就可以了，不要苛求結果。要善於學會為自己的每一點努力成果而喝彩，讓自己時刻有成就感，知足自信才會充滿快樂。

心理學小祕訣

你必須培養積極心態，以使你的生命按照你的意思提供報酬，沒有了積極心態就無法成就什麼大事。記住，你的心態是你、而且只有你唯一能完全掌握的東西。練習控制你的心態，並且利用積極心態來引導它。

必須懂得的二十二條職場潛規則

在一個產業中，除了明文規定的規章制度外，還有人人心照不宣的潛規則。潛規則影響甚至左右著職場中人的升遷榮辱。因此，身在職場，不管做任何事情，遵循產業做事規則，這是成功的保障。那麼，在職場上都有哪些潛規則需要掌握和遵守呢？這裡列舉了二十二條職場潛規則，可以使你在打拼過程中心明眼亮的走向成功。

第一條：必須有一個圈子。不加入一個圈子，就成為所有人的敵人；加入一個圈子，就成為另一個圈子的敵人；加入兩個圈子，就等於沒有加入圈子。只有獨孤求敗的精英才可完全避免圈子的困擾——這種人通常只有一個圈子，圈子裡只站著老闆一個人。

第二條：必須爭取成為第二名。名次與幫助你的人數成正比，如果是第一名，將因缺乏幫助而成為第二名；而第二名永遠是得道多助的位置，它的壞處就是永遠不能成為第一名。

第三條：必須理解職責的定義。職責是你必須要做的工作，但辦公室的生存定律是，職責就是你必須要做的工作之外的所有工作。

第四條：必須參加每一場飯局。如果參加，你在飯局上的發言會變成流言；如果不參加，你的流言會變成飯局上的發言。

第五條：必須懂得八卦定理。和一位以上的同事成為親密朋友，你的所有缺點與隱私將在辦公室內公開；和一位以下的同事成為親密朋友，所有人都會對你的缺點與隱私感興趣。

第六條：必須明白加班是一種藝術。如果你在上班時間做事，會因為沒有加班而被認為不夠勤奮；如果你不在上班時間做事，你會被認為工作效率低下而不得不去加班。

第七條：必須熟練接受批評的方法。面對上司的判斷，認為你沒錯，你缺乏認識問題的能力；認為你錯了，你沒有解決問題的能力——接受錯誤的最好方式就是對錯誤避而不談。最後一條，不准和老闆談公正。第八條必須理解「難得糊塗」的詞義。糊塗讓你被人認為沒有主見，不糊塗讓你被人認為難以相處——「難得糊塗」在於糊塗的時機，什麼時候糊塗取決於你不糊塗的程度。

第九條：必須明白集體主義是一種選擇。如果你不支持大部分人的決定，想法一定不會被通過；如果你支持大部分人的決定，將減少晉升機會——有能力的人總是站在集體的反面。

第十條：必須論資排輩。如果不承認前輩，前輩不給你晉升機會；如果承認前輩，則前輩未晉升之前，你沒晉升機會，論資排輩的全部作用，是為有一天你排在前面而做準備。

第十一條：必須禁止智力排行。天才應避免得罪庸才，雖然天才一定會得罪庸才，但庸才總不太喜歡和天才相處。

第十二條：必須學會不談判的技巧。利益之爭如果面對面解決，它就變得無法解決；如果不面對面解決，它就不會被真正解決。一個最終原則是，利益之爭從來就不會被解決。

第十三條：必須理解祕密的存在意義。如果一件事成為祕密，它存在的目的就是被人知道；如果一個祕密所有人都知道，你必須說不知道；同理，如果一個祕密所有人都說不知道，則可以推斷，所有人都知道。

第十四條：必須理解開會是一種道。道可道，非常道；名可名，非常名。開會不能不發言，發言不能有內容。如果你的發言有內容，最好選擇不發言。開會的目的是尋找一個解決問題的方法，在大部分情況下，這個方法就是開會。

第十五條：必須讓婚姻狀況成為祕密。已婚人士在辦公室談情是一場喜劇，單身人士在辦公室談情是一場悲劇。最好的結果是，已婚人士獲得一場辦公室愛情；最壞的結果是，未婚人士獲得一場辦公室婚姻。最後一條，不到萬不得已，永遠不要打老闆女祕書的主意。

第十六條必須掌握一種以上高階語言。高階語言包括在中文中夾雜外語、在怒罵之中附送奉承、在表達保密原則同時揭露他人祕密、在黃段子中表達合約意向。語言技巧高是下乘，發言時機好是上乘。使用高階語言但時機不對，不如使用低階語言但時機正確。

第十七條：必須將理財作為日常生活的一部分。主管在身邊的時候，要將手機當公司電話；主管不在身邊的時候，要將公司電話當私人手機；向同事借錢，不借錢給同事；陌生人見面要第一個買單，成為熟人後永遠不要買單。最後一條，捐錢永遠不要超過你的上級。

第十八條必須明白參加培訓班的意義。培訓班不是輕鬆的春遊，它的目的是學習你工作職責之外的知識；由於學習的知識在你工作職責之外，培訓班可以當作一次輕鬆的春遊。

第十九條：必須學會擺架子。如果你很可靠但不擺架子，大部分人都認為你不可靠。如果你不可靠但經常擺架子，所有人都認為你很可靠。

第二十條：必須懂得表面文章的建設性。能做會議幻燈片的，不能私下討論；可寫報告的，不能口頭請示，如果一件事你已經完成，但沒有交計畫書，你等於沒有做；如果一件事你沒有去做，但交了計畫書，你可以當它已經完成。畢竟所有學過工商管理的老闆都固執的認為，看計畫書是他的事，執行是下面的事。

第二十一條：必須與集體分享個人成功。所有人都是蠟燭，要點燃自己並且照亮別人，如果你只照亮自己，你的前途將一片黑暗；如果你只照亮別人，你將成為灰燼。

第二十二條：必須遵守規則。要成為遵守規則的人，請按顯規則辦事；要被人認為是一個遵守規則的人，請按潛規則做事。顯規則和潛規則往往相反，故當二者發生衝突，按顯規則說，按潛規則做，是為最高原則。

心理學小祕訣

潛規則就等於心理學法則，曾經改變了無數人的命運。這些潛規則告訴我們，要想在職場中有所作為，就必須要搞定一些關係，找到一些「門道」，破解一些「密碼」。職場人要學會搞定與上司、下屬、同級以及內外部客戶等許多人之間的關係。也就是要了解組織架構，建立內外部關係以實現高績效。

在正確的時間做正確的事

在正確的時間做正確的事情，是一切成功的根本。比如身在職場，一定要把公事和私事分開，盡量在進入辦公室之前把私事處理完，以便能夠全身心的投入到工作中去。完成公事後要盡快把自己的角色轉換出來。這是職場內一項不成文的規則。

劉慶是一名優秀的大學畢業生，畢業後應聘到一家大公司工作。雖然工作很緊張，但他專業知識基礎好，工作能力又強，所以處理起工作中的問題得心應手，沒有什麼壓力。從這方面來說，劉慶是一個稱職的員工。但是劉慶有一個不良習慣，就是總喜歡在上班的時間裡給朋友打電話，海闊天空的聊上一陣。

劉慶覺得這樣可以和朋友溝通感情，擴大自己的交際面，對自己以後的發展很有利，因此樂此不疲，全然不管同事和老闆的不滿。公司其他員工想打電話打不了，與工作有關的電話也經常打不進來。

終於有一天，因為劉慶的「海闊天空」的占線，導致公司失去了一大筆業務。劉慶受到了嚴厲的處罰，被公司掃地出門。這個曾經令他驕傲的大公司，那份薪水豐厚的職位都和他說再見了。這時，同在一個公司實習的劉憑藉平時勤勤懇懇的表現，被公司錄用並代替了他的職位。

也許有的人會覺得是劉慶倒楣，偏巧趕上了那檔子事。你可能認為上班時間打私人電話、聊天、遲到幾分鐘都是一些無關緊要的小事，殊不知，這樣做給人留下的印象是不敬業、工作態度不端正。有時，你心存僥幸，想少做些、做慢些，以為別人沒有注意到你，這是很危險的。不要以為自己能夠逃脫大家的眼睛，很多人睜大眼睛等著抓你的「小辮子」，殺一儆百的事隨時可能落到你的頭上。總之，辦公室裡無小事，那些在辦公室裡「不拘小節」的人是成不了什麼大事的。

還有一些人屬於「閒不住」的類型。他們在完成自己的事情後，覺得閒著也是閒著，乾脆做一些自己的私事，或「發揚風格」幫別他人做點什麼。事實上利用上班時間做私事，這是「損公肥私」；幫助別人做事那是「多此一舉」，因為大家都有分工，每個人的工作都有自己的特點，你最好不要去摻和。你可以利用閒暇時間，好好整理一下你的思路，為下一步工作做好準備。

還有一種「捨己為公」的行為，把全身心都投入到公司的事務上，為了公司寧願犧牲掉個人的休息時間。很多人因此得到老闆的賞識而被委以重任。但社會不應提倡這種行為。

職場中人要懂得在正確的時間做正確的事，要分清什麼是公事，什麼是私事。可以全身心的投入到工作中去，但那應僅限於工作時間，不可以把公司當成家。因為除了公事還有很多私事，如照顧家庭、朋友聚會、休息等。人只有得到充分的休息、娛樂，才能以飽滿的精神狀態投入到工作中去。

每個老闆都不希望看到自己的員工利用上班時間和公司財務做私人的事情，他會覺得你缺少起碼的職業道德，沒有敬業精神。有些員工上班時間看報紙、看雜誌，用公司的電腦查看一些個人想用的資料，利用公司的電話聊天……他們為這種行為找了個冠冕堂皇的理由，即薪水少，因此認為利用上班時間做兼職，做些私人事情理所當然，沒什麼大不了的。這些看似小的事情，在老闆眼裡就會變「大」，他會認為你不敬業、不忠誠，對工作缺乏熱情。一旦在老闆心理留下這樣的印象恐怕你離走人不遠了，更別說升遷了。很多人在職場之中均犯了這樣的錯誤，那些在利用上班時間做私事的人，很容易在職場博弈中敗下陣來。

心理學小祕訣

公事和私事是一個矛盾統一體，是矛盾的兩個方面，兩者之間是矛盾的也是共存的。怎樣處理好這兩方面的關係呢？你只要記住一條，那就是在正確的時間做正確的事。

高情商的職場休息方式

你的職場情商到底有多高？這是一個需要重視和值得深思的問題。一個具有高情商的人、一個真正聰明的職場人是絕不會被壓力壓垮的，他既會工作，也會休息。他明白，現代科學賦予「會休息」的含義就是主動休息，即在身體尚未出現疲憊感時就休息。這是一種積極的休息方式。

不知道從什麼時候起，越來越多的人不自覺的將自己送上了生活的快車道，身心疲憊的讓自己追逐一個又一個生活目標。內心的焦慮與躁動來自於加速度的時代，也來自於每個人脆弱的內心。用速度提高效率、改善生活品質，成了這個時代的時尚生活方式。匆匆的上班，忙碌的工作，每天忙得像陀螺一樣轉個不停，但好像事情永遠都做不完。工作就像一台榨汁機，帶走了生活裡的快樂，內心深處的安寧也隨之失落了。在這個競爭如此激烈的時代，職場到處都充滿了壓力。

每一個職場人員，都要面對不穩定、不可測的多變環境，要面對來自上司的壓力，來自同事的挑戰，來自家庭內外的瑣事……面對滾滾而來的壓力，我們不是要選擇逃避，而是應該面對壓力，勇敢的迎上去，接受它，化解它。

王小姐是一家公司的企劃廣告企劃部經理。搞廣告企劃的人，給人的第一印象，似乎就是頭髮倒豎、衣衫不整、滿臉灰塵，卻兩眼放光。但王小姐卻恰恰相反。她更像一位大學裡的教授：寬寬的眼鏡架在白皙的鼻梁上，一身素雅的工作套裙，紮在腦後的髮髻一絲不亂，讓她顯得更加精幹、利落。在辦公桌上，除了她正在考慮的創意作品之外，看不見其他任何累贅之物，牆上也只有幾幅藝術家的作品，更顯得高雅不俗。

王小姐在談到對於工作中的壓力及如何解決時說：「壓力當然是有的，看你如何對待它。有的人被壓力牽著鼻子走，結果越走越亂，越走越糟糕。我喜歡清清爽爽的工作，不喜歡被一大堆的雜物糾纏著。當感覺有壓力的時候，我就檢查自己是否清理了自己的心理，扔掉那些不必要的東西，讓自己更有創造性的工作。我總是定期檢查自己的抽屜、辦公桌，看是不是又雜亂了。桌子上的雜亂也會影響一個人的心緒，讓人感覺心裡也很亂，總感覺被什麼東西堵著，結果壓力便來了。」

王小姐表示，有時換換自己的工作方式，換換自己的工作環境，也會緩解一下壓力。當自己覺得很累的時候就去買束花，或買一個牆飾，放在辦公桌上、掛在牆上，也會讓自己一下子又輕鬆許多，又找到了工作的活力與情趣。

許多人都把職場壓力歸結為外部因素，認為壓力是外部環境所造成的。其實更主要的是從自身尋找問題的發源點，審視一下自己的情商是否太低了。當你感覺自己已承受不了壓力的時候，請檢查一下自己的物品，看看裡面是否有累贅之物加重了你的負擔。然後換換空氣，更有創造性的投入工作。

人體持續工作越久或強度越大，疲勞的程度就越高，產生「疲勞素」就越快、越多，消除的時間也就越長，這正是「累了才休息」的傳統休息方式效果差的原因所在。主動休息則不同，不僅可保護身體少受或不受「疲勞素」之害，而且能大幅度提高工作效率。如果沒有時間作一個長時間的休整，也應該不忘忙裡偷閒，借助下面的做法來個短期休息。

第一，在重要活動之前抓緊時間先休息一會。比如參加考試、競賽、表演、長途旅行之前，應該先休息一段時間，把身體狀態調整到最佳。臨時惡補不僅效果差，對身體傷害也很大。

第二，保證每天八小時睡眠，星期天應進行一次休整，輕鬆、愉快的玩一玩，為下一週緊張、繁忙的工作打好基礎。

第三，做好全天的安排，除了工作、進餐和睡眠以外，還應明確規定一天之內的休息次數、時間與方式，除非不得已，不要隨意改變或取消。午睡片刻可以迅速消除疲勞，也是長壽的祕訣之一。

第四，重視並認真做好工作中的間歇休息，充分利用這段短短的時間到戶外活動一下。做幾個深呼吸，舒展一下筋骨，或者欣賞一段輕音樂，使身心完全放鬆下來。

心理學小祕訣

見縫插針的休息方式常給人意猶未盡的感覺，但恢復狀態的效果卻非常明顯，遠比把所有勞累積攢起來，然後再全部釋放要好得多。這如同一根彈簧一樣，長時間的拉緊和突然的放鬆會使它的彈力下降，只有持續的小頻率的鬆緊才是維持彈性的正確做法。

確定目標讓你不再渾渾噩噩

一個人若想擁有成功，首先要確定成功的目標。它是所有行動的出發點。有了明確的目標，我們才能不因無謂的事情悲愁煩亂。即使在人生的多事之秋，我們也能堅信一切都會過去，並朝著目標不停的努力，然後，終有一日到達目的。

分析一下世界上的成功者和平庸者，我們會發現：成功者大都具有明確的目標，而平庸者都渾渾噩噩、糊塗度日。

「不要讓什麼事使你心亂，不要讓什麼事使你悲愁，一切都會過去，只要堅韌，終可達到目標。」這是聖女特麗莎的偉大箴言。是的，因為有了目標，人生有了方向，我們才有勇氣和力量去走前方那條未知的路。

美國短跑名將邁克．詹森，以成為世界冠軍為目標，為此經受了各種挫折。但他始終沒有放棄，為了達到目標，他無數次的重複和努力。終於，他在亞特蘭大奧運上奪得了四百米冠軍。

有位記者這樣形容當時的精彩場面：「當槍聲響起，他如飛而去，片刻之後，就把所有的選手甩在後面。他專注於自己的目標，觀眾的喧嘩聲從他的耳中漸漸退去，其他的選手也不存在了。他的世界裡只剩下自己和腳下的跑道，以及前方的目標，他朝著這個目標不停的賓士，再賓士……」

有人目標明確，有人目標模糊；有人目標長遠，有人目標短淺。沒有目標，就不可能採取任何實踐，也不會有進步。就拿一件最簡單的事來說，假如你在今天沒有明確要做的事情，那麼，你就會在今天東摸摸、西逛逛，糊里糊塗的過完一整天，沒有一點收穫。同樣，一個人如果沒有目標，沒有對人生的規劃，那麼，他這一生也會沒有任何價值。

那麼我們應該為自己確立怎樣的人生目標呢？

第一，目標要明確。如果一個人只是將做一名科學家作為自己的目標，那麼這個人的目標就是不明確的。因為科學的門類很多，究竟要做哪一門學科的科學家？確定目標的人並不是很清楚，因而也就難以確定行動的方向。不明確的目標會讓人有在濃霧裡趕路的感覺，雖然知道要去的方向，卻看不清前面的路，一不小心就會走錯方向。

第二，目標要實際。我們確立奮鬥的目標，應該以實際情況為考量依據，要能夠發揮自己的長處，要能夠實現。如果目標不切實際，那麼這個目標就不可能實現。為一個不可能達到的目標而花費精力，同浪費生命沒有什麼兩樣。

第三，目標要專一。一個人對人生目標要專一，不能經常換來換去。今天向東走幾步，明天朝西走幾步，結果就是，自己永遠在離原來不遠的地方徘徊。一個人在某一個時期一般只能確立一個主要目標，這樣才能使自己精力集中的去完成它。

第四，目標應該是具體的。目標應該用具體的細節反映出來，否則就顯得過於籠統而無法付諸實施。比如：我們只將減肥作為目標，往往會沒有什麼效果，但如果我們將每天運動半小時作為目標，並照此執行的話，很快，我們就能夠看到成效。

第五，目標應該是長期的。長期目標的確立，意味著我們做好了長期作戰的思想準備和心理準備。從此，無懼挫折、無懼困難，朝著目標奮進。

第六，目標應該是遠大的。目標遠大指的是目標應該具有重大價值。

只有遠大的目標，才會有崇高的意義，才能激起一個人心中的渴望，才能夠展現生命的意義。

目標確立好以後，又該怎樣管理它呢？心理專家給出了三種方法。

（1）**階梯法**。將目標細化為若干個階梯，並且使用明確的語言對不同階梯的內容進行描述，這樣每一個人在不同時間、不同空間時都能明確自己的現實位置以及下一個目標的狀態，一個一個逐級向上邁進，最終達到總目標。

（2）**枝杈法**。樹幹代表大目標，比如成為大富翁；每一個小樹枝代表小目標，比如在兩年之內自己創業；葉子代表即時的目標，即現在馬上要做的事情。

（3）**剝筍法**。設定目標是由將來到現在，由大目標到小目標，由高級到低級層層分解。然而實現目標的過程則是相反的，是由現在到將來，從低到高，由小目標到大目標，一步一步前進的。

心理學小祕訣

要想走得更遠，就必須一步一步的去邁進；要想獲得成功就必須不斷的挑戰新的目標，從短期目標到長期目標，從小目標到大目標，從容易達成的目標到難於達成的目標。

職場不相信委屈的眼淚

磨練對人的意志力和耐力的培養具有促進作用，可以消除一些不切實際的幻想，從而使人更加接近現實。在職場上，不是每一滴淚都能獲得同情。想哭的時候，一定要等成功了再哭，因為成功者的淚水才更動人！

每一個剛參加工作的人幾乎都經歷著這樣的一個過程，那就是總是先做一些不起眼的事情，而且得不到重視。當默默無聞的工作一段時間後，如果工作出色就逐漸被人關注並得到重用，如果工作不出色就逐漸被邊緣化，不得不結束這段職業生涯。

徒費光陰對於一些真正有才華、有抱負的年輕人來說，會耗費一生中最美好的時光，甚至有可能因不受重視、得不到合理的重用和必要的指導與提攜而最終被埋沒。但是，真正意義上的磨練則是必要的。從大部分人的成長軌跡來看，每個人都要從磨礪中走過來。

郝主管是員工們的老大哥，但對於員工的管理，他卻從來都不偏袒。郝主管認為，很多時候，越是那些嬌弱的小女孩，越需要在公司中得到鍛鍊和成長。

有一天，郝主管忙了一上午，中午的時候非常疲勞，飯都沒有吃，就把辦公室的沙發床放下來，準備休息一會兒。就在這時，有人敲門。他只好強撐著打開了門，心想馬上解決完就可以休息了。

不料，進來的會計劉芳一下坐到沙發上，對著郝主管哭訴，說著說著，眼淚就流了下來。

郝主管終於聽明白了怎麼回事，原來是財務處的一位老同事批評了她。因為劉芳搞錯了一筆帳，老同事說，帳搞錯了是不可原諒的，如果年紀輕輕就開始粗心，將來年齡大了，帳多了記不清就會有更大的麻煩。劉芳本來希望那位老同事可以悄悄的替自己遮掩，沒想到在大庭廣眾之下，就這麼嚴重的批評自己，讓劉芳非常難堪。於是劉芳來找郝主管，想請郝主管幫忙給自己調換個工作職位。郝主管耐心的問：「劉芳，你想去哪個職位呢？」劉芳想了想說：「財務的責任太大，我想去生產線做統計員。」這句話給了郝主管很大刺激，開始的時候，他覺得老員工雖然做法正確，但是畢竟劉芳是女孩，這樣的磨練可能讓劉芳一時接受不了，這也情有可原。但是聽到劉芳說，不想做財務是因為怕擔負責任時，他對劉芳的同情便煙消雲散了。

郝主管想，生產線統計員難道就不需要責任感，不需要承擔工作中的失誤嗎？如果統計員把產品數量搞錯了，就會直接帶來更大的經濟損失。於是，郝主管對劉芳進行了一個多小時的解勸，總算安撫了劉芳那「受傷的心」，讓劉芳回到工作職位好好工作，用實際行動贏得同事們的尊重。

郝主管犧牲了可以好好休息的中午，心情也非常糟糕。他想，現在的小女孩，經受不了磨練，總想永遠被人哄著，也不考慮別人的感受，就像自己，白白為此犧牲了一個養精蓄銳的午休。這一刻，郝主管就想清楚了，無論怎樣，一定不會輕易給劉芳調職位。

劉芳也應該慶幸遇到了一個嚴格的老同事，這樣的磨練，會讓她逐漸懂得如何承擔一份工作的責任。雖說流淚是女性的天性，但是這對於女性的工作則是沒有好處的，只能讓老闆在工作上對她失去信任，一點小小的困難都不能夠獨自面對，還怎麼能獨當一面呢？

其實，對於男性來說同樣如此，在上司面前不用說流淚，就連歎氣，都會暴露自身的懦弱，讓你的上司對你絕望透頂。只有成功了，站在頂端，再去流淚，再去講當年的坎坷，才會打動別人。

在職場上，不但對於上司，就是在同事面前也不要流淚，這樣的做法如同指責誰讓你受了不白之冤，讓你承受了不該承受的委屈。所以，當你處於剛參加工作階段的時候，請一定收起眼淚，接受磨練，用明日的成功證明一切。

心理學小祕訣

職場不相信委屈的眼淚，職場也沒有男女之分，在老闆眼裡，只有能為公司創造價值的員工和浪費公司資源的員工。

懂得放棄的深刻內涵

古希臘的佛里幾亞國王葛第士以非常奇妙的方法，在戰車的軛上打了一串結。他預言：誰能打開這個結，就可征服亞洲。一直到西元前三三四年，仍沒有一個人能夠成功的將繩給打開。這時，亞歷山大率軍入侵小亞細亞，他來到葛第士繩結的車前，不加考慮，便拔劍砍斷了繩結。後來，他果然一舉占領了比希臘大數十倍的波斯帝國。

一個孩子在山裡割草，被毒蛇咬了腳趾。孩子疼痛難忍，而醫院在遠處的小鎮上。孩子毫不猶豫的用鐮刀割斷受傷的腳趾，然後，忍著劇痛艱難的走到醫院。雖然缺少了一個腳趾，但孩子以很小的代價保全了生命。

亞歷山大果斷的劍砍繩結，說明了他放棄了傳統的思維方式；小孩子果斷的放棄腳趾，以小代價換取了生命。在某個特定時期，你只有敢於放棄，才有機會獲取更長遠的利益，即使難以避免遭受挫折，你也要選擇最佳的失敗方式。最佳的失敗方式也是一種成功。

有人把人生比喻成股市，很多投資者在潛心學習各種技術圖解，但在了解了上市公司的情況，投資效果依舊不好。其中原因之一是不懂得在合適的時機放棄，心中的結便解不開。

在股市裡幾乎所有人都遭受過套牢之苦，哪怕當時自己有一萬個理由去買某檔股票，但市場中眾多不是理由的理由常常使你美夢落空。處於市場複雜的環境下，一旦套住，大多數人採取守倉之策，雖然守住不動總有解套之日，但若一年兩年五年都解不了套，資金的快速流動和增值就都是一句空話。可見守倉是一策，但絕不是上策。

股票炒作成敗往往繫於取捨之間，不少投資者看似素養很高，但他們因為難以放棄眼前的蠅頭小利，而忽視了更長遠的目標。投資股票成功者往往只是一年抓住了一兩次被別的股民忽視的機遇，而機遇的獲取，關鍵在於投資者是否能夠在投資道路上進行果斷的取捨。因而進入股票市場後，大多數投資者的資金都不會閒置，很多投資者不是投資在這檔股票上就是套在另一檔股票上。

可見，學會放棄有時要比學會技術分析重要，而更重要的是要善於化解心中之結，人生也是如此。

在現代社會裡，人變得越來越貪，有些人什麼都不願放棄，結果卻什麼也沒得到。有所失才會有所得。人生一世，百木爭榮，少不得風光和無奈，懂得放棄容易，學會爭取可是「蜀道之難，難於上青天」。成功有兩種，靠自己努力和別人的失誤，造成別人的錯誤判斷來換取成功的人不勝枚舉，因此來說靠自己努力的人是人中之人，當然並不是說努力了就萬無一失，其中不乏智慧者。

《孫子兵法》和《三十六計》裡面講的是一種「渾圓戰術」，即勝也勝，敗也勝，不是教條是邏輯，天衣無縫的邏輯。當你真正懂得了自己的有利條件和自己的不利條件，如何揚長避短，如何為自己創造條件等，你便掌握了大半成功的因素。

放棄是一種智慧，爭取也是一種智慧，兩者不可同日而語，關鍵在有的放矢。曹孟德曾隔岸觀火，自取袁紹袁術之頭；關雲長仗義，大意失荊州；司馬懿兵臨城下，諸葛亮信手撫琴；孟獲遭七擒七縱，從此天下太平。混混沌沌一世界，芸芸眾生在其間，何得何失，何去何從，就要看我們能不能解開心中的結。試著隨意做一些善意的事情以及美好的事情與人分享你的財富。如透過與別人一起分享你的財富，你將讓這個世界變得更加美好。

《馬太福音》中有一個關於三個僕人的寓言故事：

有一個人在長途旅行前叫來他的三個僕人，他給了第一個人一萬元，第二個人四千元，第三個人兩千元。就這樣，他把自己的財產交給了這三個僕人看管。得到一萬元的那個僕人將得到的錢進行投資，使總金額翻了一倍；得到四千元的僕人也如此行事。而第三個僕人則挖了一個洞，將他的兩千元埋藏了起來。

主人回來後又把他們召集在一起，讓他們彙報各自的帳目。前兩個僕人分別向他們的主人返還了兩萬元和八千元，於是主人說道：「我善良、忠誠的僕人，你們做得不錯。你們在管理小額金錢方面顯示了才能和忠心，因此我要讓你們管理更多的錢。來，和我一起分享我的快樂！」

第三個僕人則向他的主人解釋說他很害怕，所以把錢埋在了地下。主人對此的回應是：「現在我要從你這裡把錢拿走，交給那個手上有兩萬元的，讓他擁有更多；而對那一無所有的人，就連他僅有的一點點也要奪過來。」

如果你照顧不好你已有的東西，那麼你就將失去它。與金錢相伴的應是恰當的使用它並使之肩負起為所有人造福的責任，這樣金錢就可以成為寶貴的工具。那麼為什麼那麼多品德高尚的人放棄掌握金錢的權力，不去追求他們想要的東西？還有為什麼人們總是抱怨生意場上道德淪喪，卻又袖手旁觀，不去努力改變呢？

比爾·蓋茲把錢全部捐獻出來，透過金錢的力量，他對這個世界產生多麼大的影響！如果有更多善良的人們願意利用金錢為所有的人帶來更多的利益，從而收回他們曾放棄的力量，那麼他們將比以前成就得更多。

一位著名的高爾夫球選手有一次贏得一場錦標賽，領到支票獎金，他微笑著從記者的重圍中出來，到停車場準備回俱樂部。這時候一個年輕的女子向他走來表示祝賀，然後又說她可憐的孩子病得很重，也許會死掉，而她卻不知如何才能支付起昂貴的醫藥費和住院費。

高爾夫球選手被她的講述深深打動了，他二話沒說，掏出筆在剛贏得的支票上飛快的簽了名，然後塞給那個女子說：「這是這次比賽的獎金。祝可憐的孩子走運。」

一個星期後，這位高爾夫球選手正在一家鄉村俱樂部進午餐。一位職業高爾夫球聯合會的官員走過來，問他一週前是不是遇到一位自稱孩子病得很重的年輕女子。高爾夫球選手點了點頭。

「哦，對你來說這是個壞消息。」官員說道，「那個女人是個騙子，她根本就沒有什麼病得很重的孩子。她甚至還沒有結婚哩！你讓人給騙了！我的朋友。」

「你是說根本就沒有一個小孩子病得快死了？」「是這樣的，根本就沒有。」官員答道。高爾夫球選手長吁一口氣：

「這真是我一個星期來聽到的最好的消息。」這位善良、高尚的球手並不以錢的損失而生氣，而為沒有受苦受罪的孩子而釋懷。每個人都不可能不在意金錢，但金錢有時並不能解決許多根本性的問題。與別人分享你的財富，給予是至關重要的。前人種樹，後人乘涼，你擁有的越多，你可以與別人分享的就越多。如果你想要用愛或其他有價值的事物充實人生，也是同樣的道理。付出和回收是一體的兩面。如果你想要更多的愛、樂趣、尊重、成功或任何東西，方法很簡單：付出。不要擔心任何事情，人在做而天在看，你所付出的一切都會帶著利息一起回來！

心理學小祕訣

有時候我們不讓自己擁有我們想要的一切，因為我們不想使別人尷尬，不想把別人甩在我們身後。然而，事實上，如果你得到了自己想要的一切，並且同別人一起分享你成功的經驗，使他們與你一同富有起來，這才是真正對他們好。如果你和其他人一樣原地不動，那麼你誰也幫不了。

找到快樂工作的祕訣對身在職場的某些人而言，工作就像一座鐘，而他們是一些只管盯著鬧鐘的指標，等不及下班信號就要逃離工作場合的人！他們在工作中沒有一點樂趣，工作僅僅等同於飯碗，僅僅是延續他的生命的一種不得不為之的手段。

從事有價值的工作是人生的一種真正的快樂。當你從事有價值的工作時，你不僅僅是賺取金錢，同時也是為自己創造自尊自愛的意識。蘇格蘭哲學家卡萊爾寫道：「有事做的人是幸運的，不要讓他再祈求別的福分……當一個人的精神傾注於工作時，他的身心就會形成一種真正的和諧，無論那是多麼卑微的勞動。」

誠然，一些人在工作時身心舒暢，而在失去或放棄了工作後就會心靈萎縮，甚至連曾經因興奮而炯炯有神的眼睛也變得暗淡無光了。

有些人僅僅是為了養家糊口在做著不適合他們的工作。由於他們不喜歡所從事的工作，工作對他們而言變成一種苦役，他們無法體會到一個把大部分精力投入工作的人所體驗到的愉悅。假如你不幸陷入這種困境，你就必須想辦法去自省和補救。因為你對自己的工作感到乏味，便很難享受到創造性生活的樂趣了。

也許是你對工作沒有給予應有的重視；也許是你還沒有完全睜大眼睛，去發現你的種種潛能；也許是你還沒有徹底看清事實，那麼錯誤不在工作而在於你。你應該牢牢記住：在很多情況下，創造機遇的是你自己，而不是工作。

如果錯在工作，那麼如果可能的話，為什麼不去另找一份工作，只要你對工作產生興趣，哪怕少拿一些薪資也是值得一試的。假如你無法另找一份工作，那你就得加深你對工作價值的認識，使它成為你的一種樂趣而不再是苦役。

千萬不要在任何一種你所從事的工作中混入消極的意識。人是有靈性的，不是一塊毫無知覺的木頭。因此，應該盡一生運用人類的靈性，去感受人生的美好。現在就必須計畫未來了，想想看，當到了退休的時候，或者到了不怎麼需要工作的時候，自己將做些什麼呢？

托爾斯泰曾經寫道：「人生的樂趣就隱藏在他的工作之中。」這句話是至理名言。工作的最高境界就是快樂工作。對上班族來說，把愛好和工作合而為一是現在最流行的。

在心理學上，有個著名的「不值得定律」，指的是如果你認為一件事情是不值得做的，那麼，即使你勉強去做了，也會保持冷嘲熱諷、敷衍了事的態度。這樣不僅做事的效率低、成功的可能性小，而且即使成功，自身也不會有太大的成就感。「不值得定律」就是不值得做的事情就不值得做好。因此，你應該去做那些讓你覺得快樂的工作，因為只有讓你快樂的工作，才會讓你覺得值得自己去做。只有你認為自己值得去做了，你才能將它做好。

因此，一方面，你應該盡力讓自己去從事那些讓自己覺得快樂的工作；另一方面，你應該努力從自己的工作中發現快樂。

一個讓你覺得快樂的職業，它至少應該滿足以下幾點：

（1）**與自己的價值觀相符**。只有與我們價值觀相符的事情，我們才能滿懷熱情的去做。

（2）**與自己的個性和氣質相符**。與個人的個性氣質完全背離的事情一定是不值得做的事情，也很難做好。比如：一個文靜內向的人去跑業務，每天與不同的人打交道，這無疑是件痛苦且不值得的事情。

（3）**與現實處境相符**。值得與不值得要視具體情況而定，要從長遠來看。比如：一個大學生在一家大公司跑腿打雜，我們很可能認為是不值得的，然而，如果短暫的跑腿打雜後，他能被提升為部門主管或經理，那麼就是值得的。

那麼，如何從工作中找到樂趣呢？人們喜歡變化繁多的東西，那會給人既刺激又新鮮的感覺。同理，如果工作富於變化，那麼就更能使人們享受到樂趣。其實，只要能夠適當的調整自己的工作作息和心態，我們就能很容易的在工作中發現樂趣。

對此，有人曾經提出六個具體建議：

第一，採取行動。要積極投入到工作之中，善於發現工作中存在的問題，一旦發現問題，可以問自己能夠做些什麼來解決，也可以主動和上司溝通。總之，就是切忌消極怠工，要注重投入工作。

第二，調整觀念。受現實因素的影響，行動無法實現的情況時有發生，這時，我們應該考慮調整自己的觀念。例如阿Q心態，雖然不能像CEO那樣呼風喚雨，但是至少不用像清潔工一樣每天和掃帚打交道。

第三，宣洩情緒。如果被消極心態困擾太厲害，轉變觀念是不可能一時就做到的。這時，我們不妨為自己找一種合適的管道，把情緒宣洩出來。心態管理和洪水的治理是一樣的，要疏導而不要攔截。

第四，分心調劑。把注意力轉移到能讓自己開心快樂的事情上，例如逛街、看電影等。雖然是輔助策略，但是能很好的避開壓力，給自己以休養生息的時間。

第五，發現意義。我們應該好好的思考一下，到底什麼才是自己真正想要的？自己所從事的工作能為你帶來哪些好處？自己從事這個工作的意義何在？如果所有的答案都是消極的，那麼也許換工作是個不錯的主意。

第六，增強體能。人生的一切都是建立在健康的身體之上的，因此，一定要關注身體健康，重視飲食、營養、運動。

心理學小祕訣

在當今這個拜金主義盛行並充滿緊張和壓力的物質社會中，快樂工作能幫助人構建一個安適的心靈港灣，提高自身的心理免疫力，高效的避苦趨樂以維護心靈的平衡，並在漫長的人生道路上，隨手摘取快樂和幸福的果實。

懂得苦中求樂的真諦

快樂是什麼？快樂是血、淚、汗浸泡的人生土壤裡怒放的生命之花，正如惠特曼所說：「只有受過寒凍的人才感覺得到陽光的溫暖，也只有在人生戰場上受過挫敗、痛苦的人才知道生命的珍貴，才可以感受到生活之中的真正快樂。」

托爾斯泰講過這樣一個故事：

一個男人被一隻老虎追趕而掉下懸崖，慶幸的是在跌落過程中他抓住了一棵生長在懸崖邊的小灌木。此時他發現，頭頂上那隻老虎正虎視眈眈，低頭一看，懸崖底下還有一隻老虎，更糟的是，兩隻老鼠正忙著啃咬懸著他生命的小灌木的根鬚。在絕望中，他突然發現附近生長著一簇野草莓，伸手可及。於是，這人摘下草莓，塞進嘴裡，自語道：「真甜！」

在生命過程中，當痛苦、絕望、不幸和危難向你逼近的時候，你是否還能顧及享受一下「野草梅」的滋味？「塵世永遠是苦海，天堂才有永恆的快樂」，這是禁欲主義編撰的用以蠱惑人心的謊言，而苦中求樂才是快樂的真諦。

第二次世界大戰期間，一位名叫伊莉莎白．康黎的女士在慶祝盟軍在北非獲勝的那一天收到了一份電報，她的侄兒，她最愛的一個人死在戰場上了。她無法接受這個事實，她決定放棄工作，遠離家鄉，把自己永遠藏在孤獨和眼淚之中。

正當她清理東西，準備辭職的時候，忽然發現了一封早年的信，那是她侄兒在她母親去世時寫給她的。信上這樣寫道：「我知道你會撐過去。我永遠不會忘記你曾教導我的：不論在哪裡，都要勇敢的面對生活。我永遠記著你的微笑，像男子漢那樣，能夠承受一切的微笑。」她把這封信讀了一遍又一遍，似乎他就在她身邊，一雙熾熱的眼睛望著她：你為什麼不照你教導我的去做。」

康黎打消了辭職的念頭，一再對自己說：我應該把悲痛藏在微笑下面，繼續生活。因為事情已經是這樣了，我沒有能力改變它，但我有能力繼續生活下去。

人生是一張單程車票，一去無返。在荷蘭首都阿姆斯特丹一座建於十五世紀的教堂廢墟上留著一行字：事情是這樣的，就不會那樣。藏在痛苦泥潭裡不能自拔，只會與快樂無緣。告別痛苦的手得由你自己來揮動，享受今天盛開的玫瑰的捷徑只有一條：堅決與過去分手。

「禍福相倚」最能說明痛苦與快樂的辯證關係，貝多芬「用淚水播種歡樂」的人生體驗，生動形象的道出了痛苦的正面作用。傳奇人物艾科卡的經歷更傳神的闡明了快樂與痛苦的內在聯繫。

艾柯卡靠自己的奮鬥終於當上了福特公司的總經理。一九七八年七月十三日，有點得意忘形的艾柯卡被妒火中燒的大老闆亨利．福特開除了。在福特工作已三十二年，當了八年總經理，一帆風順的艾柯卡突然間失業了。艾柯卡痛不欲生，他開始喝酒，對自己失去了信心，認為自己要徹底崩潰了。

就在這時，艾柯卡接受了一個新挑戰：應聘到瀕臨破產的克萊斯勒汽車公司出任總經理。憑著他的智慧、膽識和魅力，艾柯卡大刀闊斧的對克萊斯勒進行了整頓、改革，並向政府求援，舌戰國會議員，取得了巨額貸款，重振企業雄風。在艾柯卡的領導下，克萊斯勒公司在最黑暗的日子裡推出了K型車的計畫，此計畫的成功令克萊斯勒起死回生，成為僅次於通用汽車公司、福特汽車公司的美國第三大汽車公司。

一九八三年七月十三日，艾柯卡把生平全部的面額高達八億美元的支票交到銀行代表手裡，至此，克萊斯勒還清了所有債務。而恰恰是五年前的這一天，亨利福特開除了他。事後，艾柯卡深有感觸的說：「奮力向前，哪怕時運不濟；永不絕望，哪怕天崩地裂。」

羅曼．羅蘭說：「痛苦像一把犁，它一面犁破了你的心，另一面掘開了生命的新起源。」古人講「不知生，焉知死？」不知苦痛，怎能體會到快樂？痛苦就像一枚青青的橄欖，品嘗後才知其甘甜，這品嘗需要勇氣！

心理學小祕訣

要讓自己快樂非常簡單，那就是少一份欲望，多一份自信。在身處絕境時，懂得苦中求樂，才是人生的真諦。

培養有益的職場鈍感

所謂「鈍感」就是遲鈍。說到這裡，可能會有很多人覺得驚奇，你也許會認為，在發展如此迅速的時代，遲鈍怎麼可能會是什麼好的情商特質？這似乎完全顛覆了一般人的社會常識。事實上，在各行各業中取得成功的人在他們卓越的個人能力背後，都隱藏著有益的鈍感。有益的鈍感是一種能讓個人才華開花結果、發揚光大的力量。一個人的成就是這個人自身的敏銳和鈍感二者既矛盾又統一的結合。

首先，鈍感能夠幫助我們排除工作中的干擾因素。日本著名作家渡邊淳一，曾講述了這樣一個真實的故事：在他就讀的醫學院中，有一位主任教授醫術高明。但是，在傳授學生知識的過程中，他總是不猜的嚴厲指責他的學生，尤其是對擔任自己手術助手的學生罵得更加厲害。這令很多學生對他退避三舍，都很怕被安排做教授的助手。

然而，渡邊淳一的一位學長卻似乎遲鈍得完全感覺不到教授在手術中的呵斥，總是輕答「是、是」，他只專注於掌握教授手術中的要點，對其餘的「雜音」充耳不聞。在整個手術過程中，以及手術後，這位學長的心情也完全不受影響。多年後，這位「鈍感」優越、經得住責罵的學長，成了一位極為出色的外科醫師。

其次，鈍感能幫助我們減弱挫折感，盡快的走出挫折並一直前進。

一個不具鈍感的人是很難從挫折中走出來的。當失敗已成定局，敏銳的人潛意識中會牢牢記住這種痛苦，不斷的在這上面糾纏，難以像從未被失敗傷害過一樣去大膽的嘗試、實踐，變得總是畏首畏尾，自然也就很難擺脫挫折。而鈍感卻可以直接將失敗的傷害擋在心門之外，依然積極進取、大膽嘗試，從而很快走出困境。

在職場中，即使被上司責罵，也能夠充耳不聞，馬上把它拋到腦後；即使面對非常事件，也能夠像一個沒事的人一樣，睡得甜、吃得香，始終保持開朗放鬆的狀態，冷靜、理智、從容解決問題。這樣的「大將之風」都要歸功於個人的鈍感。

最後，鈍感容易讓負面情緒煙消雲散。由於負面情緒對我們的傷害不能持續、深化下去，我們的身心也就比較容易恢復，也就不會被負面情緒逼近「亞健康」的境地。有研究指出，與敏感的人相比，鈍感強的人更加容易快樂。而人體在快樂的情緒狀態下合成血清素，即一種減緩憂鬱等負面情緒的化學物質，那麼工作效率會大幅度提高。

心理學小祕訣

學會對傷害我們的負面情緒和事件「聽而不聞，視而不見」，讓自己具備無人能及的鈍感，是我們在這個時代生存的必備情商。它會讓經受挫折的人蓄積力量，翻身站起。

盡量不要出現失誤

美國史丹佛大學心理學家菲利浦·辛巴杜在一九六九年做了一個實驗，他找來兩輛一模一樣的汽車，把其中的一輛停在加州帕洛阿爾托的中產階級社區，而另一輛停在相對雜亂的紐約布朗克斯區。停在布朗克斯的那輛，他把車牌摘掉，把頂棚打開，結果當天就被偷走了。而放在帕洛阿爾托的那一輛，一個星期也無人理睬。後來，辛巴杜用錘子把那輛車的玻璃敲了個大洞。結果呢，僅僅過了幾個小時，它就不見了。

後來政治學家威爾遜和犯罪學家凱琳根據這個實驗，提出了「破窗效應」，也就是說如果有人打壞了一幢建築物的窗戶玻璃，而這扇窗戶又得不到及時的維修，別人就可能受到某些暗示性的縱容去打爛更多的窗戶。久而久之，這些破窗戶就給人造成一種無序的感覺。結果在這種大眾麻木不仁的氛圍中，其他人也會感染上一種「自甘墮落」的情緒。

對於職場來說，沒有哪個追逐發展的上司不重視「自甘墮落」的，所以他們會更加在意員工在工作中所砸的每一扇玻璃。當一種觸及管理靈魂的碎片出現的時候，就一定會留在上司的心裡。對於個人發展也同樣如此，一個壞的碎片，就如同人走路時，平地踩空一格，然後事情就會失去控制。商場如戰場，在見招拆招中，一招出錯，心浮氣躁，接下去便成為「招招錯」。所以，在職場工作中盡量不要出現失誤。

趙雅琴是一位幼教工作者。她工作多年，而且被幼兒園評為最優秀的幼兒教師。有很多從事這個產業的人，在幼兒園小朋友哭鬧的時候都會有心煩意亂的感覺，但是趙雅琴從來沒有對孩子們發過脾氣，也非常熱心，業餘時間總是研究教具的使用，給小朋友們做很多好玩的遊戲。

有一天，她看到教室空白的牆壁，便決定把很多適合幼兒看的圖畫掛在那裡，於是，在讓小朋友玩玩具的時候，趙雅琴就動手準備掛圖畫。她找了一下抽屜，沒有找到雙面膠，只找到一盒圖釘，於是她決定用圖釘將圖畫釘在牆上。圖片準備好了，趙雅琴就找出幾個圖釘開始釘圖畫，有的孩子就在下面瞪著大眼睛看著。釘著釘著，趙雅琴手沒抓穩，掉下一顆圖釘來，可是沒聽見響，於是趙雅琴就問了孩子們看見圖釘了沒有。

可是孩子們都沒有看到，於是趙雅琴就接著釘圖片。過了不一會，幼兒園的園長來班級檢查，發現有一個叫小帆的孩子，正從地上撿起一個圖釘，放在小桌子上玩。

這可嚇壞了園長，她立即衝了進來，大聲的批評了趙雅琴。她說：「趙老師，身為一名從事幼教工作多年的老師，您不該不明白，孩子的特點是生性活潑好動，對新事物感到好奇，所以，無論何時何地，教師的眼睛都要學會觀察到每一個幼兒。而你，在班級裡只有你一個老師的時候，就開始釘圖片，而且，我還發現有個孩子手上有圖釘，萬一孩子吞了圖釘，或者被圖釘扎傷，這個責任是我們無法承擔的，牆即使是空白的，也沒關係，如果哪一個孩子出了大問題，你我的一生都將良心不安。」

趙雅琴從來沒有遭遇過這樣嚴厲的指責，她哭了，工作了幾年時間，她獲得過極高的讚譽，也有過不盡如人意的地方，但從沒有人對她說這麼嚴重的話。可這一次不同，她知道自己的確犯了嚴重的錯誤，後來，每當上司強調幼兒工作的安全問題的時候，雖然上司是不點名的講述「圖釘的安全隱患」，但是每當講起這個事件，她都如坐針氈。而且，每次講完這個問題，上司總是很有意味的給她遞來一個囑咐的眼神！

這樣幾次之後，趙雅琴終於覺得很痛苦，而且無法抹去那件事情在心裡留下的陰影，於是她辭職了。一個曾經很優秀，有前途，有愛心的老師，就因為一枚小小的圖釘，改變了自己一生的職業選擇！從這件事情可以看出，走向職場，每個人都不能縱容自己。縱容自己，就是給自己犯錯誤的機會。任何一種不良現象的存在，都在傳遞著一種資訊，這種資訊會導致不良現象的無限擴展，所以必須高度警覺那些看起來是偶然的、個別的、輕微的過失，如果對這種行為不聞不問、熟視無睹、反應遲鈍或糾正不力，自己就會去打爛更多的「窗戶玻璃」。

而且，做任何事和任何工作的時候，我們都要給自己一把尺規。尤其要強調的一點是，任何工作都有其核心的任務。例如：財務工作就一定不能貪圖金錢；幼兒教育工作就一定注意「保教結合，以保為主」等職業基本準則。如果違背原則，那麼這個失誤可以彌補，但同時也會被人們記住，影響自己的長遠發展。

心理學小祕訣

一間房子如果窗戶破了，沒有人去修補，不久，其他的窗戶也會莫名其妙的被人打破；一面牆上如果出現一些塗鴉沒有清洗掉，很快就有更多的人往牆上塗滿亂七八糟、不堪入目的東西。相反，在一個很乾淨的地方，人們會很不好意思扔垃圾，但是地上一旦有垃圾出現，人們就會毫不猶豫的跟著隨地亂扔垃圾，內心也沒有罪惡感。

在逆境中創造奇蹟

勤奮能產生奇蹟，皮爾．卡登的奮鬥史就說明了這個道理。皮爾．卡登從小就對服裝感興趣，即使是在最貧困的時候。他的父親是一個貧困的義大利農民，當年帶著妻子和七個孩子離鄉背井去法國的聖福瓦萊里昂謀生時，皮爾．卡登才剛滿二歲。他是被母親用一塊藍被單裹著離開家鄉的。

他生活在天天都要為吃飯與穿衣的事而煩惱的家庭裡，卻偏偏對各式各樣的服裝感興趣。童年的時候，他喜歡在街上遊逛，時裝店裡多姿多彩的時裝常常使他流連忘返。他的耳邊經常傳來這樣的斥責和嘲諷：「滾開，窮鬼！你也來看時裝？」「小義大利佬，買套時裝去送給小情人吧！哈哈……」然而，一個夢想卻在他幼小的心中升騰：以後，我也能做各種各樣的時裝，做出許許多多好看的時裝！

念中學的時候，由於貧困，年邁多病的父母再也無法維持這個家庭了。皮爾．卡登不得不從中學退學去做工，他的選擇是去裁縫店當小學徒。

夢想、天才和勤奮，使皮爾．卡登的技藝很快就超過了師傅。他經常別出心裁的設計出一些新穎的服裝樣式，很受當地小姐的青睞，常常有人找上門來請他設計時裝。他白天當裁縫，做設計，晚上還到一個業餘劇團當演員，以便於更好的觀摩和研究各種新奇高雅、絢麗多彩的舞台服裝，這對他未來的設計風格產生了深遠的影響。

這時候，皮爾．卡登在當地已小有名氣。然而，他清楚的知道自己想要的是什麼。他並不是想當一名製衣匠，他的夢想是當一個「時裝設計大師」。

他下決心要去世界時裝藝術的中心巴黎闖蕩一番。然而，初闖巴黎的嘗試卻失敗了。當時正是第二次世界大戰剛剛拉開序幕的時候，巴黎烏雲密布，所有的時裝店都關了門。皮爾．卡登隨著逃難的人流，從巴黎流落到一個小都市裡，幾經周折，總算找到一家服裝店安定下來。幾年以後，他又成了這家裁縫店裡最出色的裁縫。生計有了著落，但皮爾．卡登卻越來越苦惱，他覺得在這裡待得越久，就離巴黎越來越遠。他不甘心自己的夢想變得越來越渺茫。

有一天，他遇到一位同樣因戰爭流落至此的貴婦人。貴婦人對他身上高雅奇特的服裝很感興趣，聽說這是他自己設計製作的，她更是十分驚訝。卡登向她訴說了自己的苦惱和夢想，貴婦人不由得感歎的說：「孩子，你一定會成為百萬富翁，這是命中註定的。」

這預言更激起了他心中壓抑已久的熱情和願望。皮爾．卡登帶著貴婦人提供的地址，再次來到了巴黎城。他按那貴婦人提供的地址找到了巴黎愛麗舍宮對面街上的女式服裝店，這是一家專為大劇院設計縫製服裝的頗有名氣的服裝店。憑著他高超的技術和對舞台服裝的獨特見解，老闆毫不猶豫的收下了他。

在那裡，皮爾．卡登潛心於自己的工作中，對高級服裝的製作有了更成熟的經驗。服裝店開始為法國先鋒派電影《美女與野獸》設計服裝，皮爾．卡登參與了這次設計製作。皮爾．卡登為角色設計的一套刺繡絨服裝使角色在影片中大放光彩，也使他一舉成名，成了巴黎服裝界引人注目的新星。

從此以後，皮爾．卡登開始不斷的激勵自己去追逐和實現自己的夢想。他曾為當地最負盛名的時裝大師夏帕瑞當過助手，也曾為被尊為時裝界領袖的迪奧當過助手。在一九四九年，他以自己多年的積蓄，為自己辦起了一家小公司。四年後，他的第一家服裝店正式開張了。

皮爾．卡登不僅要圓自己的夢，而且要使這個夢想日益完美，在他的生命中日益放射出奪目的光彩。他要以不斷的創新、不停的標新立異來確立他作為一個最成功的時裝設計大師的地位。

他設計的時裝千姿百態、色彩鮮明，充滿浪漫情調，很合巴黎人的口味，再加上配有音樂伴奏的時裝表演，使他的時裝更富有魅力。

他不失時機的提出了「時裝大眾化」的口號，把設計重點放在一般消費者身上，讓更多的人買得起穿得起。這個口號成了巴黎時裝界的一個歷史性的創舉。

他源源不斷的推出風格高雅、質地優良、價廉物美的時裝，深受中產階級婦女的歡迎。這使他的時裝店天天門庭若市。

大膽的離經叛道的創舉，招致了法國保守的時裝界同行的攻擊，但皮爾．卡登卻我行我素，繼續進行他的「時裝革命」。他說：「我已被人罵習慣了。我的每一次創新都被人抨擊得體無完膚。但是那些罵我的人，接著就會去做我做過的東西。」

法國時裝從來就是女性的天下，皮爾．卡登卻推出了色彩明快、線條簡潔、雕塑感強的男性服裝，又一次在巴黎引起轟動。

他設計的系列童裝更是怪誕離奇，極富於想像力，從而迅速的占領了歐洲市場。

皮爾．卡登得意的說：「我曾立下諾言，等我創業以後，我的服裝不僅能夠穿在溫莎公爵身上，同時連他的隨從也有能力購買。」他確實實現了他的夢想。

皮爾．卡登在經營上也是新招迭出，令人目不暇接。他不遺餘力的在全球拓展他的品牌和他商業帝國的疆域。他的成功之夢似乎永無止境……這個故事，應該能給我們太多太多的啟示：一個渴望成功的人就會滿懷希望，當他將自己最初的希望化為動力，並在心靈深處形成一種無時不在的自我激勵機制的時候，它所產生的偉大力量，無論你用什麼樣的語言去形容都不為過。可見，希望是催促人們前進的動力，也是生命存在的最主要激發因素，只要活著，就有希望；只要抱有希望，生命便不會枯竭。

希望，不一定是多麼偉大的目標，它可以縮小到平淡生活中的一些小期待，小盼望，小快樂，小滿足。譬如明天會看到太陽，明天要去聽一場音樂會；下星期約了老朋友喝茶，下個月即將有一小筆獎金；陽台上的盆花，即將盛開；明天將穿一件新衣，購買一件想要的物品，完成一個嶄新的計畫……雖然在別人眼裡，或許盡是些微不足道的細碎小事，但是，對個人而言，卻能帶來一些樂趣，也都值得等待，這些就都能帶來喜悅和希望。

有這樣一個農家女子，生長在偏遠的小村子裡，過著日出而作日落而息的生活。她喜愛一項傳統工藝剪紙，並達到了比較高的水準。

這個女孩子不知從哪裡道聽塗說這麼一個消息：一些外國人喜歡東方的工藝品，大老遠跑到農家小院去買老太太做的虎頭鞋，一雙十美元，值好幾十塊錢呢。她想，首都外國人多，如果把自己的剪紙拿到那裡一定能賣個好價錢。

十八歲那年，女孩為自己的剪紙作品進行了第一次嘗試，她帶著省吃儉用存下來的車費，希望的滿懷希望的到了首都。但是她沒有想到，首都藝術品市場裡的剪紙那麼便宜，她帶去的作品，一塊錢一張都沒人要，差點連回家的車費都成了問題。這次嘗試得到的答案是此路不通，後果是不僅沒賺到錢還賠上了一筆車費。此時，這位女孩決定堅持繼續學習剪紙藝術。

二十二歲那年，女孩為自己的剪紙進行了第二次嘗試。她苦苦哀求拿到了父母為她準備的五千元嫁妝錢，繳了市區一家美術館的展覽費。這一次更慘，她不僅賠上了自己的嫁妝錢，還欠下了一大筆裝裱費，而且成了鄉鄰茶餘飯後的笑話。這樣的後果她已經無法承受了，只好一走了之，為還錢去打工。打工的那段日子儘管她過得很艱難，但她除了每天在流水線上拼命工作外，還擠出時間去上晚間的美術課，處處留心實現自己剪紙夢想的機會。後來，她做了一次又一次嘗試。隨著年齡的成長和人生閱歷的增加，她將自己所能了解到的途徑一一嘗試。到藝術學校自薦、參加各種各樣的評比和展出、給報紙雜誌寄作品、報名參加電視台的參與節目、想方設法接觸記者、聯繫贊助做個人展、請工藝品店和市場代賣、去印染廠推銷自己的圖樣設計等，她的嘗試有許多都失敗了。但她勇敢的承擔每一次失敗帶來的後果，曾被仲介騙子騙走了所有的作品，也曾被債主逼得走投無路。每失敗一次都要狼狽不堪的處理善後問題，但她每一次在面臨選擇的時候，始終把酷愛的剪紙藝術放在第一位。

後來，她終於有了自己的一個小小剪紙工作室，靠剪紙維持自己的生活。她滿足了，快樂的認為自己獲得了成功，因為日夜與她相伴的是剪紙藝術。最後農家女終於成了遠近聞名的「剪紙藝人」。

農家女就是這樣每天給自己一個小小希望，生活便充滿無限活力。於是，她沒有時間去想東想西，去悲春歎秋了。

農家女孩的經歷告訴我們，面對生活，不論希望大小，只要值得我們去期待、去完成、去實現，都是美好的。當我們在進行的過程中，必然會體會到其中的快樂，生命便也因此更豐盈，更有意義。

心理學小祕訣

逆境使人產生挫折感，但在逆境後能夠冷靜的思考逆境的根源，思考如何避免逆境帶來的災難，這是對逆境的心理承受力的一種檢驗。逆境並不都是壞事，它給人帶來的是災難還是福音，關鍵在於你能否正確對待它、勇敢的駕馭它。

不要固守習慣迷信經驗

在職場中，很多人在心理上願意堅持固有的習慣，對新事物有恐懼和不願意接受的心理，迷信自己的經驗，而不注意形勢的變化，以為成功的經驗可以複製，資歷能代表能力，卻因此弄丟了自己的工作。比如一名老員工，如果在高層換了團隊之後，還墨守成規，工作就難保；或者，原來公司只需要專科畢業的員工，但是隨著公司的發展，對學歷的要求已提高到大學，那麼，就需要專科學歷的員工，打破自己不願意改變的心理，跟上新的形勢。

王濤是公司的一名老員工，職位是行政部的經理，憑著在公司多年的工作經驗，和個人對於行政工作得了解，工作得非常順心。

於是，他一直按照自己的經驗做事情，後來，公司又招聘了一位年輕的行政部副理。這位行政部的副理的本行並不是行政，但是做事情常常有一股幹勁，他入職後提出了很多的改善行政工作建議，大大節減了行政成本，也提高了整個行政部的工作效率。

這讓王濤感到了巨大的衝擊，他的經驗是做好行政就等於做好公司的後勤，沒有必要大張旗鼓的改革，只有穩定才是真理。當然，王濤也是一位非常認真的老員工，他每天要處理很多繁雜的後勤支持性工作，有時候還要幫助總裁寫一些文案，管全公司百多號員工的中午小餐桌。

王濤認為靠著這些實實在在的工作，和多年為公司效力的經驗，自己一定能穩穩的坐住行政部經理的位子，而且，在王濤的管理下，行政部也正常營運了八年。但是，新來的行政副理卻認為，不能給公司賺錢的行政部門，也有同等重要的職責，那就是要考慮到為公司省錢，所以他在高層的支持下，大膽變革了制度，例如對於公司與供應商溝通，提交費用明細的方面，他都重新做了費用申請及發票整理的制度。

由於行政副理突出的工作能力與業績，這位副理贏得了高管層及中層經理們的認同。而且，新來的副理並沒有把工作重心放到瑣碎的細節上，而是集中精力，重整行政部門，讓員工們做好職業規劃、學習新技能、發揚企業文化。

就這樣、王濤慢慢的感覺到自己職位的形同虛設，雖然公司還沒有將副總「扶正」，但是他知道自己犯了多麼嚴重的失誤。那就是一直迷信於自己的判斷，沒有跟上企業發展的形勢，因為公司發展壯大後，已經不是那個幾個人艱苦創業的小公司，而的確需要用新的知識充實自己和發展公司了。

於是，過了不久，王濤因為在決策中的「邊緣化」，讓他承受不了內心的失落感，而離開了公司。從王濤的經歷中我們認識到，平時多思考，多學習，有助於新知識的輸入，這將給自己帶來很多機會，增強與其他人的交際能力。一個人在公司外所學的東西，很有可能對自己將來在公司內的工作是非常有用的。有時候，可以透過多種嘗試，改變自己的經驗主義，例如：平常的固定上班路線，不妨嘗試改變一下，可能有新發現。常用的工作思路，不妨總結一下，寫在紙上，看哪一個步驟可以透過新的嘗試做得更優化。

總之，資歷保證不了什麼。適應新的變化和需求，不斷提高自己的能力，才能保住自己的飯票兒，讓一個人在職場遊刃有餘，挑戰源源不斷的職場壓力。

心理學小祕訣

固守習慣是思維慣性使然。事實上，一直以來堅持的習慣未必是對的，僅僅是人們最不願意打破而已。明智的職場人必須說服自己，調整思維慣性，克服固有習慣，以適應新形勢的需要。

注重打造個人魅力

在一個資訊爆炸的時代，人們每天都要獲取大量的資訊。當海量的資訊決堤般襲來，人們往往被紛繁複雜的資訊大潮搞得暈頭轉向，沒有特色和價值的資訊根本進入不了人們的視野，也儲存不到人們的頭腦之中。人們對資訊的反應，決定了職場中人在人際關係中，想要別人長時間記住自己，就必須巧妙的突出自己的個性和特點，注重打造個人魅力，讓自己最突出的個性成為對方記憶的焦點。

就像她的名字一樣，彰顯無論何時何地，都不是那種陷在人堆裡找不著的人。

剛到公司的時候，她穿著手縫的寬襯衫，留著過長的頭髮，走起路來細腳伶仃，個性十足，給人驚鴻一瞥的印象，讓所有見過她的人都有興趣定下神來細細觀察這名同事。

後來，她火速辦理好了入職手續，有了自己的座位。她要讓自己的座位也個性十足，大家看到她的電腦桌面，沒有用常規的通用的介面，而是精選了看起來就很「潮」的介面。慢慢的，從上班第二天開始，張顯就不斷的刺激了大家的眼球。

從閃光的亮皮包，誇張的手機吊飾，到窗簾布一樣的裙子，淺綠色的指甲油，張顯肆無忌憚的安置著她的環境。無可否認的是，她的座位給人的感覺也非常特別，總讓人走到那裡的時候，就想停下來看一看。大家都是黑灰色的辦公椅，只有張顯專門扯回嫩黃的天鵝絨把椅子包起來，上面還放一個絨毛的可愛靠墊。

張顯享受著自己的個性，而且，這種與眾不同並沒有被周圍的同事視為「眼中釘」，她反而因為頗為張揚的個性獲得了更多欣賞。上司甚至無限度的寬限張顯，在大眾場合還開玩笑說，張顯把辦公室當家一樣用心布置，這是值得鼓勵的。於是，張顯也成了大家集體呵護的對象，對於張顯的很多裝扮和新鮮的提議，大家都沒有任何意見，大家保護她的個性，像保護自己對個性的夢想一樣。

張顯發出閃亮的光，照亮了周圍好大一片範圍。後來有一次，一名客戶來公司走了一圈，張顯就給他留下了深刻的印象，那一期的人物故事正巧需要對這名客戶進行採訪，客戶就明確的指出採訪交給張顯來負責。事實證明，張顯不負眾望，她時尚優雅的形象，新穎的採訪方式，還有不拘一格的閒聊式問答，都讓客戶非常滿意。她不但順利完成了採訪任務，還給公司帶來了良好的經濟收益和聲譽。

後來，但凡有挑戰性的採訪，主任腦海裡的第一個人選就是張顯，張顯也自由自在的發揮著自己的個性。

不多久，張顯就成了一個標誌，一個單調的人物採訪刊物依然保持活力的標誌，她樂於成為這種標誌。鮮明的個性讓她給所有人留下了深深的印象，也幫助她累積了越來越多的人脈和運氣！

張顯的經歷說明，如果你是一個外向的人，那就完全沒有必要因為有陌生人情結而隱藏你的優點。突出熱情的方法有很多：當你首次與陌生人打交道，你可以主動和對方握手，微笑著介紹自己，並且在談話中不吝嗇自己的讚美，給人如沐春風的感覺。

心理學小祕訣

這是個講究個性和個人魅力的時代，平庸者註定被埋沒，職場對於每個人的發展都是如此重要，所以，不能輸在表達個性的起跑線上。要知道，突出自己的個性並不難，也並不需要人們做很多出格的事情，有時候只需要恰到好處的閃那麼一次光，就能讓大家記住。

要警惕職場年齡恐懼症

主考官對前來面試的李蕊說：「這位小姐，看了你的履歷，我們公司覺得你似乎正是我們公司所需要的那種類型的人才。不過我們注意到，在你的求職履歷表上，並沒有注明你的年齡呀，這是什麼原因呢？」

李蕊預感到有點不對勁，不過她還是努力的保持著一份平靜，說：「哦，可能忘了填寫了吧，我今年剛剛三十出頭……不過，年齡對我應聘貴公司的這個職位很重要嗎？」

「這……這位小姐，從你的求職履歷表上看，你的確是很優秀，不過對你，我們只能說抱歉。」招聘公司的考官稍微遲疑了一下，便不假思索的做出了這樣的回答。

李蕊回到家裡，想到被招聘公司拒絕的剎那間，她覺得鏡中的自己彷彿一下子變老了很多。她自己不敢再繼續看著鏡子，趕忙將視線從梳妝檯移開，一副垂頭喪氣的樣子，顯得是那麼的憂鬱和無助。

這難道是自己的錯嗎？她的心情一下子壞到了極點。再次工作的信心以及拚搏的熱情似乎也正慢慢、慢慢的消退下去，她不知道自己該怎樣安排和設計未來的職場生活了。她不願意提及自己的年齡，最後開始恐懼自己的年齡。

事實上，像李蕊這樣一些年過三十的職場白領，因各種原因，對自己年齡漸大、事業未成的境況產生的悲觀、消極情緒，就是所謂的白領「年齡恐懼症」。

白領年齡恐懼症是怎麼引起的？一方面，一些產業只能「吃青春飯」，如一些服務、娛樂產業，就被人們戲稱為「吃青春飯」的產業。當青春漸逝，不少白領對自己的將來產生了危機感。

另一方面，事業、家庭過大的壓力使職場中年人不願面對年齡的現實。

這是一種逃避現實的心理。中年人在社會上承擔著巨大的壓力，往往會幻想自己離開競爭激烈的職場。他們從心理上不願接受這種現實，不願接受自己的年齡。

還有，身在職場，但在「而立之年」還沒做出點成績，以後的人生更不可能成功。許多人認為，在三十歲之前都沒做出什麼成績，三十歲以後想要成功就更難了，而一些公司也是因為這個原因，許多職位只招年輕人。求職者認為連機會都沒有，成功又從何談起！

針對這種情況又有哪些解決辦法呢？首先要提升「內功」，這也許是為年齡憂慮的白領較好的選擇。其次，人到中年後要重新調整自己的方向，逐漸由關注身外事物變為更多的關注自己的心靈，逐漸領悟到人生的智慧，這樣才能減輕心理壓力，順利的渡過「中年危機」。最後，要對自己充滿信心。有不少人是「大器晚成」型的，只要給自己機會，不讓自己打敗自己，加上中年人的經驗與人生歷練，即使已過中年也還有機會成功。

心理學小祕訣

若將人生之路視為登山，目前你已到達了自己的峰頂，成熟、穩健、老練、實際，你能夠合情合理的處理現實人生的種種矛盾，平和的看待完美與缺陷，獲得與喪失。清楚的認識自己，能清明的分辨可能與不能，可為與不可為。但這種狀態稍有偏失，你就會走進保守與停滯，比如陷入年齡恐懼症的泥淖，這樣導致的將是創造性和人生樂趣的喪失。

給自己一道警戒線

心理學家德斯考爾等人對愛情進行研究發現，很多時候，父母或長輩過多干涉兒女的感情，反而使他們之間的愛情越深刻。就是說如果出現干擾戀愛雙方愛情關係的外在力量，戀愛雙方的情感反而會更強烈，戀愛關係也會變得更加牢固。這種現象就被叫做「羅密歐與茱麗葉效應」。這在職場上是個較為普遍的現象。為了讓你的人生盡可能完美，就要在工作上和感情上給自己設定一道警戒線。

例如在感情上，當一名職場女性發現自己的男朋友和女同事聊天，就會忍不住查證或者偷看男朋友的聊天記錄，這樣的懷疑反而在無意中促進了男友和女同事之間的聯絡和感情，很容易讓事情滑向壞的一面。越是禁止的東西，人們越要得到手。這與人們的好奇心與反向心理有關。

在古希臘神話故事中，有這樣的一個故事：有一位叫潘朵拉的女孩，從萬神之神宙斯那裡得到一個神祕的寶盒和，宙斯嚴令禁止她打開，這反而激發了女孩的獵奇和冒險心理。

她克制和壓抑自己，但是都沒有用，一種急欲探求盒子祕密的心理，使她終於將盒子打開，於是災禍由此飛出，充滿人間。潘朵拉女孩的心理正應了一句俄羅斯諺語「禁果格外甜」，也就是人們對於不容易得到的東西更容易惦記。

在職場中的很多時候，上司明文規定的條款總有員工觸犯，甚至屢禁不止。但是從另一個角度來看，一個懂得利用禁效果應的人，可以輕鬆的讓別人爭先恐後為自己服務。

劉芊芊並不像她的名字這麼柔弱，實際上她是一個非常幹練的商場女強人，雖然其貌不揚，但是她幹練的作風和高效的做事效率，讓很多同事讚歎不已。

有一次，她去找客戶，可是競爭對手正在裡屋和客戶侃侃而談，她的助手表示惋惜，勸她不要激動。可是，劉芊芊用一個行動征服了所有人，那就是毫不猶豫的衝進去！衝進去的她直接開始了對客戶的進攻。不一會，她不但征服了客戶，而且也征服了自己的競爭對手，即那個溫文爾雅的同行。

一直以這種雷厲風行態度行走職場的劉芊芊，人脈變得非常廣，而且，銷售對於她，逐漸失去了挑戰性。因為憑藉在業內獨特的聲望和自己老道的經驗，談客戶似乎成了一件無比自然和順利的事情。而且，隨著劉芊芊公司產品的不斷更新和開發，後來的形勢雖然談不到供不應求，可是產品也以堅實的品質，出現了價格超出同類產品的情況。

有一次，劉芊芊去參加了一個大型的聚會，來這裡的人，很多都是自己的潛在客戶。劉芊芊看準一個時機，自然的開始和人們講解自己的產品，果然，出現了很多關注公司產品的人。

大家對劉芊芊的解說紛紛點頭，甚至有很多人當場就主動留下了聯繫方式，只有一個人例外，那就是在人群後面的朱先生。朱先生很沉默的站在後面，聽著劉芊芊說的所有的話，但是沒有一句話讓他的表情有絲毫的波動。

這讓劉芊芊產生了極大的好奇，於是聚會結束之後，劉芊芊就主動約請朱先生下一次見面。可朱先生的表情非常平靜，他禮貌的拒絕了。後來劉芊芊又開始約朱先生吃飯，她從沒發現請客戶吃飯是這麼難。

朱先生的冷漠激發了劉芊芊的鬥志，劉芊芊前前後後拜訪了朱先生三次，又給朱先生打了五六次電話。可是朱先生居然冷冷的說他還是質疑產品的性價比，為什麼價格超過同類產品那麼多。

最後，劉芊芊做了對自己來說非常離譜的事情，那就是在朱先生第一次和劉芊芊一起吃飯的時候，劉芊芊居然把接近內部價格的優惠給了朱先生。朱先生沒有任何驚喜，在簽合約的時候，表情還是淡淡的、平靜的。

劉芊芊不知道的是，朱先生回公司的第一件事，就是激動的告訴員工，他居然只用了簡單的方法，就為公司節約了將近五十萬的成本。在一片讚美聲中，朱先生終於忍不住自己的「深沉」，哈哈大笑起來！

從來沒有被任何困難嚇倒的劉芊芊，居然敗在了自己的征服欲和好奇心上。她知道當時簽合約答應的條件有多衝動，她同樣明白這樣的價格，等於給公司的業績造成了一定的損失。

劉芊芊的故事再一次證明，誰都不能保證可以永遠控制自己，就像潘朵拉和那位偷看聊天記錄的女性一樣，這時，警戒線的建立就非常有必要。不要給自己任何理由和藉口，要用原則給自己建立規矩。應該走好規矩和自由之間的平衡木，用警戒線提醒自己，線的一端是原則問題，任何時候不動搖；而另一端是非原則性問題，不要把自己逼得太苦。欲望是一種奇妙的東西，該來的時候就接受它，該走的時候也讓它走吧。

心理學小祕訣

每個人都應該給自己一道警戒線，很多行動應該用原則去衡量，無論自己的內心有什麼樣的理由。在一個客觀的世界中，有時候，真的需要關上你的心門，與自己的思想做個對話，聽一聽大腦裡的聲音。

表現出足夠的敬業精神

任何上司都喜歡自己的員工對工作兢兢業業，都希望自己的員工具有敬業精神，可是現實生活中卻有許多人沒有敬業精神。其實，具有敬業精神對自身的事業發展影響深遠：一方面可以藉此提高自己的業務能力，為未來的發展打下良好的基礎；另一方面可以使上司滿意，給他留下好印象，以便自己以後有被重用的機會。

如果缺乏敬業精神，整天懶懶散散、拖拖拉拉，這只會加深上司對你的不滿，有百害而無一利。具體說來，下述四種做法可以表現出一個人的敬業精神。

1 對工作要有「三心」

所謂的「三心」就是耐心、恆心和決心。任何事情都不是一蹴而就的，因此，在工作中要做到不計較個人得失，勇於吃苦耐勞，踏實肯做。不可只憑一時的熱情、三分鐘的熱度來工作，也不能在情緒低落時，就馬粗心虎、應付了事。上司認為有這種表現的員工是靠不住的。當上司吩咐你做一件事的時候，一定要堅持到底，絕不可中途打退堂鼓，再苦再累都要盡心盡力把它完成，這樣你就會在上司心中留下一個良好的印象。

2　要學會智取

工作是要講求效率的，雖然有時你在工作中踏實苦幹，但是本來需要一個小時就能完成的工作，你卻做了三個小時甚至更多，這同樣也不會讓上司對你有好感。對於工作，上司往往不看重你撒了多少次網，關鍵是注重你的網中有沒有魚，有多少魚。因此，對工作不僅要苦做還要學會巧做。有很多人看起來工作很認真，每天都在兢兢業業、埋頭苦幹，但忙忙碌碌的就是沒做出多少成績。這種員工不僅得不到上司的好感，反而會使上司和同事瞧不起。我們提倡勤勤懇懇工作的敬業精神，但並不是不注重工作的效率和方法。苦做是上司喜歡看到的，但上司更喜歡巧做、高效率的員工。

3　要學會說話

說話每個人都會，而這裡的學會說話是指作為員工的你在埋頭苦幹的同時，不要像個「悶葫蘆」一樣一言不發。因為現在這種類型的人在社會上是吃不開的。所以，不但要會做，還要會說，要採取巧妙的方法讓上司感到你在背後付出的努力和艱辛，也讓上司感到你的確是一個勤奮敬業的好員工。

4　要多請示彙報

多請示彙報並不是說讓你事無鉅細一切都向上級彙報，那就有點教條和死板了，而且會讓上司認為你沒有能力，任何事都處理不了，久而久之他也不會信賴你了。這裡所說的多請示彙報是指在工作中的關鍵地方多向上司請示彙報，這不僅是你主動爭取表現自己的好辦法，也是你能順利做好工作的重要保證。因此，聰明的員工總善於在關鍵處向上司請示，徵求上司的意見和看法，把上司的想法融入到工作中去。

5　掌握「關鍵之處」

這些關鍵的地方包括關鍵事情、關鍵地方、關鍵時刻、關鍵原因、關鍵方式。只有恰如其分的掌握了這五個問題，才能恰到好處的請示上司。關鍵事情通常是指在上司親自主管的領域內，需要上司做出決定的、影響面大的、涉及利益關係的事情。遇到這類事情時，就需要及時的向上司請示，而不可擅做主張。

關鍵地方是指對事情的解決具有至關重要的環節，而且該環節又是上司所擅長的領域，就要多向上司請示，多徵求上司的意見。對工作的進程要及時向上司彙報，使上司能夠對全域有一個全面的了解。

關鍵時刻是指在向上司請示工作時，要掌握時機，不要不看火候就貿然請示，而要把握請示的最佳時機，該請示的時刻不要懈怠，不該請示的時候等待機會，以免撞到槍口上自找倒楣。

關鍵原因其實也就是向上司請教的理由和選擇的問題，就是需要向上司請示的問題，必須是應該請示的，不要無論大小事情都向上司請示。在請示前要認真研究請示的原因，要能夠引起上司的注意，使上司感到事情的重要性，以便讓他慎重考慮，及時解決。

至於關鍵方式，我們知道，在做事情的時候採取的方式不同，最後所取得的效果也就不同。同樣，向上司提建議也不例外。因此，你在向上司請示時，一定要根據事情的輕重緩急，選擇靈活機動的請示方式，以取得較好的請示效果。

心理學小祕訣

敬業，確實是一種境界。當一個人迷上一件事的時候，就容易全身投入，對某種活動或專業的喜好和痴迷也會逐漸形成習慣性的常規。表現在行動中，融化在意識裡，敬業便成了一種自然狀態，無須刻意顯露。

國家圖書館出版品預行編目資料

因為職場太險惡，所以需要心理學：學校不會教，但不懂很吃虧的人際周旋術 / 藍迪著 . -- 第一版 . -- 臺北市：崧燁文化事業有限公司，2021.09

面；　公分

POD 版

ISBN 978-986-516-808-7(平裝)

1. 職場成功法 2. 工作心理學 3. 人際關係

494.35　　110013651

因為職場太險惡，所以需要心理學：學校不會教，但不懂很吃虧的人際周旋術

作　　者：藍迪

發 行 人：黃振庭

出 版 者：崧燁文化事業有限公司

發 行 者：崧燁文化事業有限公司

E-mail：sonbookservice@gmail.com

粉 絲 頁：https://www.facebook.com/sonbookss/

網　　址：https://sonbook.net/

地　　址：台北市中正區重慶南路一段六十一號八樓 815 室

Rm. 815, 8F., No.61, Sec. 1, Chongqing S. Rd., Zhongzheng Dist., Taipei City 100, Taiwan (R.O.C)

電　　話：(02)2370-3310　　傳　　真：(02) 2388-1990

印　　刷：京峯彩色印刷有限公司（京峰數位）

定　　價：375 元

發行日期：2021 年 09 月第一版

◎本書以 POD 印製